Lucien Monsengo Elenkey

URBANISATION ET CRISE ECOLOGIQUE

Enquête sur les pratiques populaires d'assainissement dans un quartier d'habitat précaire de Kinshasa

Préface de Gérard Bertolini

EDILIVRE

Exergue

« Les hommes ne créent pas des villes anonymes et interchangeables, ils les créent à leur image et s'expriment en elles »

Jacques DENIS

« La ville est une réalité qu'il nous faut assumer en regardant en face ses défis »

Jean-Marc ELA

« Le soleil, la verdure, l'espace sont les trois premiers matériaux de l'urbanisme »

Charte d'Athènes

Dédicace

A Bernadis, Michel-Angelo, Raphaëlo, Joël et à tous les miens.

Remerciements

Nos sincères remerciements :

A Monsieur Gérard Bertolini, directeur de recherche au CNRS (Centre National de la Recherche Scientifique) et président de l'APREDE (Applications de Recherches en Economie de l'Environnement) qui a bien voulu préfacer cet ouvrage,

A Monsieur Boris Lebeau, Maître de conférences à Paris 13 et à Madame Valérie Jouvin, coordinatrice du Pôle Villes et Territoires durables chez l'ADEME (Agence de l'Environnement et de la Maîtrise de l'Energie) en Ile-de-France pour leurs pertinentes remarques et suggestions,

Au cartographe Greg Kiku de l'Institut Géographique du Congo pour la réalisation des cartes,

A Marie Sedi, Kethia Ndaume Pasinya, Sergino Kenkfuni, Herty Ndaume Mpwate et à Salomon « Court-circuit » Nkiere pour leur soutien et leur participation à l'enquête sur le terrain,

A toute la population pauvre et délaissée de la commune urbaine de Makala à Kinshasa.

Paris, ce 5 décembre 2019

L'auteur

Préface

Le travail de Lucien Monsengo Elenkey permet de passer du global au local : « *Penser globalement, agir localement* », préconisent les écologistes. Le phénomène d'urbanisation constitue certes un phénomène mondial, plus ou moins accéléré suivant les régions, et avec des spécificités, ainsi que le souligne l'auteur. Aux Etats-Unis par exemple, comme l'a écrit Lewis Mumford, c'est l'automobile qui a mis la cité en miettes et l'a répandue en d'interminables banlieues. En Europe, et notamment en France, il s'agit de banlieues de plus en plus éloignées. La ségrégation évoquée par Lucien Monsengo dans le cas de Kinshasa est sans doute moins marquée dans un centre-ville comme celui de Paris, mais elle se traduit là-aussi par un rejet vers la périphérie, jusqu'à des zones de « non-droits », c'est-à-dire livrées à une « jungle » locale. La « rurbanisation » dont il fait état constitue certes une réalité, mais elle n'est que très partielle dans la capitale et est davantage le fait de grandes villes de province. Une ville « socialement intégrée » reste encore un vœu pieux.

Pour tenter d'éviter une extension en tache d'huile, une

politique des villes nouvelles a été initiée ici et là ; par exemple, en Angleterre, Ebenezer Howard a été le pionnier d'un urbanisme de rupture vis-à-vis de la vieille cité londonienne ; la France aussi a connu sa politique des villes nouvelles avec plus ou moins de bonheur, car il s'avère très difficile de créer de toutes pièces une ville véritable, équipée et vivante. On pourrait également parler du cas du Caire, avec ses villes satellites, et d'autres encore…

Dans les pays en développement, et en raison d'un afflux « galopant », il s'agit plus encore d'une urbanisation spontanée, légale ou non, formelle ou informelle, anarchique, vis-à-vis de laquelle les municipalités ressemblent à « la reine rouge d'Alice au pays des merveilles » : elles courent à toutes jambes et font du surplace !

Le livre de Lucien Monsengo Elenkey passe du global au local, c'est-à-dire à Kinshasa, et plus précisément à la commune de Makala, avec une enquête détaillée, précise, et suivant une approche multi-dimensionnelle. La quasi-absence d'équipements de base, correspondant à des habitats non planifiés, se traduit par « une économie de la débrouille ». Peut-elle être interprétée comme un retard dans l'intervention des autorités municipales, appelant la patience ? … « Aide-toi, le ciel t'aidera », dit un proverbe. En d'autres termes, il faut compter sur ses propres forces, les habitants eux-mêmes doivent s'organiser, suivant une approche collective.

Terres agricoles mangées par l'urbanisation, inondations, éboulements, érosion, problèmes d'approvisionnement en eau, assainissements liquide et solide quasiment absents, brûlages, pollutions des sols, des eaux et de l'air ont des incidences sanitaires certaines et concourent à une crise écologique. Comme l'indique Monsengo, l'information, la vulgarisation, l'éducation représentent à ce sujet des voies de sensibilisation, au présent et pour l'avenir.

Au final, ce qui est attendu, c'est une appropriation de leur espace de vie par les habitants eux-mêmes, suivant un esprit communautaire.

***Gérard Bertolini**, Directeur honoraire de recherche au Centre National de la Recherche Scientifique (France).*

Introduction

1/ L'état de la question

Aujourd'hui, l'urbanisation est, à coup sûr, un phénomène à la fois planétaire et irréversible. L'avenir du monde se jouera sans nul doute dans les milieux urbains. Cependant, le défi que ce processus doit relever, celui d'apporter aux hommes et aux femmes les meilleures conditions d'existence qui soient, demeure toujours.

Selon *World Urban Prospects*, l'urbanisation est devenue, il y a un siècle, une tendance engagée dans les pays aussi bien développés qu'émergents. Forte accélération dans la seconde moitié du XXe siècle : en 1900, 16 villes supérieures à 1 million d'habitants (majoritairement dans les pays industrialisés) ; en 2007, pour la première fois dans l'histoire, la population urbaine dépasse la population rurale ; en 2015, 300 villes supérieures à 1 million d'habitants (70 % dans les pays émergents). D'ici à 2030, la population urbaine couvrira plus de 60 % de l'humanité.

La ville concentre et concentrera davantage les sources de pressions écologiques d'origine anthropique : prélèvement des ressources naturelles (alimentation, eau, produits de consommation, énergie, etc.) pour satisfaire les besoins des citadins ; pollutions (eaux usées, déchets, pollutions lumineuse-acoustique, etc.) ; croissance urbaine et étalement avec de lourdes incidences sur l'habitat humain (dégradation des sols, détérioration du tapis végétal, taudification, etc.).

Le phénomène urbain s'affirme ainsi différemment aussi bien dans les pays industrialisés que dans le pays en développement. Dans les premiers, il a favorisé, d'une façon générale, le processus de « rurbanisation » en exportant quasiment les avantages de la ville à la campagne. Dans les seconds, d'une manière générale, la coexistence de modes de vie très différents a suscité une rupture quasi nette entre le monde rural et le monde urbain. Avec les multiples questions sans réponses qu'elle pose, l'urbanisation y a souvent été chaotique.

Kinshasa, une des grandes métropoles africaines, soulève encore aujourd'hui d'énormes défis dans son urbanisation. En effet, à son processus d'urbanisation est associée depuis l'aube de l'indépendance du pays, la naissance du phénomène « de squatting » ou de l'occupation illégale et anarchique des espaces, notamment des zones dites « non aedificandi », des zones impropres à la construction. De ce phénomène de « bidonvilisation » naîtront des quartiers d'habitat spontané dont la Zone d'Extensions Sud (qui forme la ceinture périphérique Sud de Kinshasa avec les communes de Ngaba, Makala, Bumbu et Selembao). C'est sur cette zone d'extension urbaine que porte essentiellement cet ouvrage.

La croissance urbaine spontanée de Kinshasa (avec un taux de 5,31 % entre 1960 et 1981, de 3,25 entre 1981 et

2005)[1], objet des remises en question de plusieurs plans d'aménagement urbain, a bouleversé presque irréversiblement la morphologie et la structure urbaines de la capitale congolaise. Elle y a également engendré une forte crise non seulement économique mais surtout écologique dont les manifestations principales sont entre autres le manque d'infrastructures d'assainissement collectif, la dévégétalisation, la dégradation du sol par l'érosion d'origine aussi bien anthropique que torrentielle, la pénurie en eau potable, la pollution de l'atmosphère et des eaux (de surface ou souterraine), etc. Ces problèmes ont des conséquences lourdes sur la santé des habitants des quartiers d'habitat spontané et précaire de Kinshasa.

Dès lors, « la ville et l'environnement attestent actuellement que le développement n'a pas réussi à faire progresser la société simultanément sur tous les fronts importants ; la vie urbaine laisse voir le désordre résultant de sa croissance »[2].

Pour que la vie en ville se passe dans un environnement qui offre à l'homme un maximum d'épanouissement et de bien-être, des méthodes et des stratégies nouvelles de réaménagement s'imposent. Mais elles seraient très peu efficaces sans une étude sérieuse du comportement des citadins quant à la gestion de leurs espaces, lequel s'inscrirait dans un système de référence social, culturel,

---

[1] KAYEMBE Wa KAYEMBE Matthieu, DE MAEYER Mathieu et WOLFF Eléonore, *Cartographie de la croissance urbaine de Kinshasa (R.D. Congo) entre 1995 et 2005 par télédétection satellitaire à haute résolution* in Belgeo, 3-4 | 2009, 439-456.

[2] NATIONS UNIES, *Colloque sur les effets de l'urbanisation sur l'environnement.* 13-20 juin 1970, New York, N.U, 1972, p. 34

idéologique ou même religieux. La crise de l'environnement est donc une crise de société dans son intégralité et elle demeure donc une véritable question sociale dont il importe d'appréhender les causes majeures et les principaux enjeux.

D'où la question de savoir : quels sont les facteurs qui expliquent le mieux la croissance urbaine, et partant, la crise écologique dans les quartiers d'habitat spontané de Kinshasa, notamment dans la Zone d'Extensions Sud de la ville ? Autrement dit, quels éléments devrait-on prendre en compte, dans une approche anthropo-sociologique, pour expliquer le processus d'urbanisation et le mal écologique qui l'a accompagné dans le contexte de la Zone d'Extensions Sud de Kinshasa en général et dans la commune de Makala en particulier ?

Face à ces questionnements, l'hypothèse plausible serait de montrer que les facteurs démographiques, économiques et socio-culturels sont les plus déterminants pour expliquer la croissance urbaine et la crise écologique qui en résulte.

Au lieu d'en être seulement réduit à des conjectures, il serait, en outre, plus intéressant d'approfondir cette étude par une cartographie des parties prenantes impliquées à cette crise (analyse des systèmes de gouvernance, implication des mouvements associatifs, etc.) et par une enquête anthropo-sociologique sur les modes de gestion spatiale des citadins des quartiers d'habitat spontané et précaire. Ce comportement est « la façon dont les citadins s'adaptent au monde urbain dans lequel ils vivent, la manière dont ils la perçoivent »[3] et se l'approprient.

---

[3] LELO NZUZI, Francis, *Urbanisation et aménagement en Afrique noire*, Paris, C.D.U et SEDES, 1989, p. 34

L'enquête anthropo-sociologique sur les pratiques populaires d'assainissement dans la commune de Makala permettrait de définir, à travers le diagnostic sérieux de ces techniques, un « ethos environnemental » qui reste propre à un milieu (car sous d'autres cieux, la question d'assainissement a été depuis longtemps confiée à une ingénierie) et également capable non seulement de dévoiler ses propres défaillances et ses limites, mais digne aussi de révéler l'ingéniosité d'un peuple abandonné à son propre sort, mais tendu, malgré la misère, aux enjeux énormes du développement durable. Mais qu'entendons-nous par l'expression « Pratiques populaires d'assainissement » ?

Par assainissement nous entendons « l'ensemble des moyens de collecte, de transport et de traitement d'épuration des eaux usées avant leur rejet dans les rivières ou dans le sol. On parle d'assainissement collectif pour les zones raccordées au réseau d'égout et équipées d'une station d'épuration traitant les rejets urbains ».[4]

Rappelons qu'au XIXe siècle, « l'assainissement était défini comme étant "la restitution à la terre des principes fertilisants qu'elles contiennent et le retour aux rivières des liquides dépouillés de leurs éléments corrupteurs." (Charles de Freycinet, Principes d'assainissement des villes, Paris, 1870, p.161). Ces enjeux ont été peu à peu perdus de vue au fur et à mesure que les villes se sont agrandies, étalées et ont rompu le lien avec leurs campagnes. Des techniques d'assainissement écologique centrées sur la préservation des milieux aquatiques et la valorisations des nutriments pour les sols existent depuis longtemps, mais c'est l'assainissement conventionnel qui

---

[4] https://www.actu-environnement.com/ae/dictionnaire_environnement/definition/assainissement.php4 consulté le 26/08/2019.

domine »[5]. Mais pour l'Organisation Mondiale de la Santé (OMS), l'assainissement, en dehors des services assurant l'élimination sans risque des matières fécales et de l'urine, « désigne aussi le maintien de bonnes conditions d'hygiène, grâce à des services comme l'enlèvement des ordures et l'évacuation des eaux usées ».[6]

Sans être son synonyme, l'assainissement renvoie aussi à l'hygiène. Ce terme, souvent dévoyé par le langage courant, désigne la branche de la médecine qui s'intéresse aux relations entre l'être humain et son environnement en vue d'obtenir un meilleur état de santé possible. Dans l'histoire des civilisations du monde, les Grecs et les Romains ont été les premiers à entreprendre des travaux d'assainissement urbain de grande envergure (latrines, égouts souterrains, aqueducs, etc.). Ils peuvent être considérés comme les pionniers de l'hygiène publique et de sa diffusion à travers l'Europe et le monde[7].

L'assainissement est dit « non-collectif ou autonome », dans les zones qui ne sont pas raccordées au tout à l'égout. C'est le cas de notre zone d'étude, à savoir la Zone d'Extensions Sud de Kinshasa. Nous pourrions y étendre notre réflexion sur l'accès à l'eau potable, les techniques d'évacuation des effluents liquides (eaux usées ou pluviales) et d'élimination des déchets ménagers et assimilés, les pratiques anti-érosives et d'autres manières d'assurer la salubrité publique dans ce milieu populaire urbain.

---

[5] *Idem*

[6] https://www.who.int/topics/sanitation/fr/ consulté le 26/08/2019.

[7] https://www.universalis.fr/encyclopedie/hygiene/1-qu-est-ce-que-l-hygiene/ consulté le 26/08/2019.

2/ Le cadre méthodologique et le plan de la recherche

Différentes méthodes et techniques d'investigation ont été mises à contribution dans le cadre de cet ouvrage : la méthode inductive et analytique, la recherche documentaire, l'observation participative, la collecte, l'analyse et l'interprétation des données aussi bien statistiques que qualitatives dans une approche environnementale de l'urbanisme et de l'écologie urbaine.

Le recours aux documents cartographiques disponibles (de l'Institut Géographique du Congo) nous a été très utile pour bien localiser et appréhender les questions qui ont fait l'objet de notre étude qui est articulée autour d'une structure tripartite.

Premièrement, nous procéderons par un état de lieu du phénomène urbain et de la question écologique. Cette étape nous aidera à saisir les grands enjeux actuels des débats autour de l'urbanisation et de l'écologie urbaine.

Deuxièmement, nous nous intéresserons à la description du terrain, entendu ici la Zone d'Extension Sud de Kinshasa, en mettant en lumière les questions écologiques majeures qui s'y posent. L'objectif poursuivi dans cette étape est de dégager les grandes lignes de la crise écologique dans la partie Sud des quartiers populaires de Kinshasa depuis l'accession du pays à l'indépendance, et en référence aux différents documents disponibles d'urbanisme.

Troisièmement, nous procéderons à une enquête anthropo-sociologique sur les pratiques populaires d'assainissement dans la commune de Makala. En délimitant un échantillon qui soit bien représentatif par rapport à l'univers global de l'enquête, nous prendrons comme toile de fond dans le traitement des données recueillies et dans la réflexion, la donne démographique, économique et socio-culturelle que nous considérions, dans notre supputation, comme des facteurs explicatifs fondamentaux du phénomène urbain et de la crise écologique dans les villes. L'accent sera mis ici davantage sur l'évaluation du mode de gestion du capital urbain par les citadins dans ces quartiers d'habitat précaire afin d'en dégager non seulement les faiblesses et les contraintes mais aussi les enjeux et les opportunités susceptibles de déboucher sur un développement durable et endogène.

3/ L'intérêt du sujet

Les questions écologiques urbaines nous interpellent aujourd'hui plus que jamais : les pollutions (de l'air, des eaux usagées, des déchets plastiques et autres ordures, etc.), la destruction d'habitats (détérioration du tapis végétal, érosion, etc.), la précarité des réseaux d'assainissement, de voirie et de drainage,... suscitent encore de grands débats autour de la recherche du bien être en ville. Les raisons en sont multiples. Quoi qu'il en soit, les questions écologiques urbaines sont donc non seulement d'actualité mais elles touchent de plein fouet notre environnement le plus immédiat, notre existence même.

Aussi, ces questions nous lancent-elles un défi majeur, nous en tant que citoyen, chercheur ou décideur politique, à prendre à cœur notre responsabilité personnelle ou collective, notre mission ultime qui est de rendre la terre, la ville plus habitable non seulement dans la recherche de notre bien-être (confort) personnel et collectif mais surtout dans le souci d'assurer aux générations à venir un espace vital, une cité où la qualité de la vie reste en harmonie avec la nature tout entière, enfin libérée de l'emprise de la pollution et de l'incurie de l'homme moderne.

Premier chapitre
Le phénomène urbain et la question écologique

État de lieu

Depuis l'aube du troisième millénaire, une partie importante de la population mondiale vit dans des villes et surtout dans de grandes agglomérations. Aujourd'hui, d'après la Banque Mondiale, plus de la moitié de la population mondiale, soit plus de 4 milliards de personnes dans le monde habitent la ville ; d'ici 2045, on estimerait à 6 milliards le nombre des citadins. Cette tendance semble irréversible car d'ici 2050, avec le doublement du nombre actuel de citadins, pratiquement 7 personnes sur 10 dans le monde habiteront en ville.

« Les villes générant plus de 80 % du produit intérieur brut (PIB) mondial, l'urbanisation peut, si elle est maîtrisée, favoriser une croissance durable en augmentant la productivité, en permettant l'innovation et en faisant émerger de nouvelles idées ».[8]

Toutefois, une urbanisation galopante s'accompagne souvent de nombreux défis et interpelle vivement les autorités tant gouvernementales que municipales qui doivent planifier la croissance urbaine et garantir aux citadins l'accès aux services essentiels. Il s'agit surtout de donner satisfaction à l'accroissement de la demande notamment de logements abordables, de réseaux de transport bien connectés et d'autres infrastructures, de services essentiels et d'emplois, particulièrement pour le milliard de citadins pauvres, habitant souvent des citées non planifiées.

« En outre, les villes peuvent largement contribuer à lutter contre le changement climatique. À l'heure actuelle, elles consomment près des deux tiers de l'énergie mondiale et produisent plus de 70 % des émissions planétaires de gaz à effet de serre. À mesure qu'elles se développent, elles sont aussi plus exposées aux risques de catastrophe et aux risques climatiques (…). Bâtir des villes « fonctionnelles », c'est-à-dire inclusives, sûres, résilientes et durables, nécessite d'intenses efforts de coordination des politiques et des choix d'investissement intelligents. Une fois la ville bâtie, sa forme physique et ses plans d'aménagement peuvent être immuables pendant des générations, et ouvrir la voie à une expansion urbaine intenable »[9].

---

[8] BANQUE MONDIALE, *Développement urbain* : https://www.banquemondiale.org/fr/topic/urbandevelopment/overview le 10 mai 2019

[9] *Ibidem*

La population urbaine

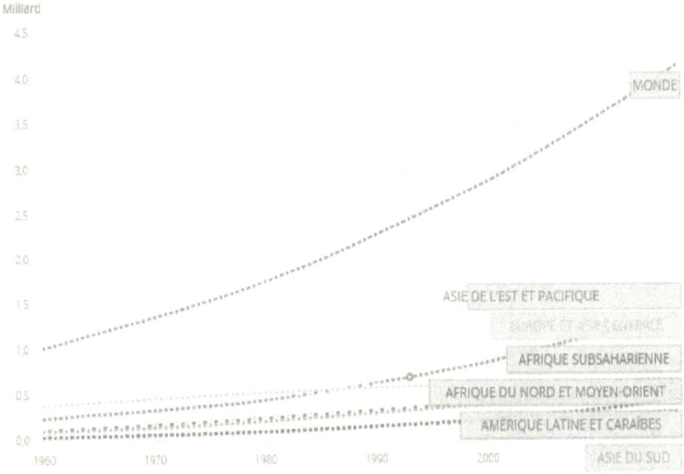

Source : BANQUE MONDIALE, idem

Dans les lignes qui suivent, il sera question de décrire le phénomène urbain dans les grandes tendances selon lesquelles il s'affiche dans les pays développés et ceux en voie de développement. Dans l'analyse du phénomène dans les pays en voie de développement un accent particulier sera mis sur l'Afrique. Il en sera de même quant à l'analyse de la question écologique aujourd'hui.

§ 1. LE PHENOMENE URBAIN

Dans l'abondante littérature sur la ville, on cherchera en vain une théorie du phénomène urbain présentant de façon systématique le savoir disponible sur la ville en tant que réalité ou entité sociale et même géographique. En dépit de multiples et excellentes contributions scientifiques sur le phénomène urbain, il n'existe pas encore de cadre théorique cohérent sur la base duquel les chercheurs proposent de façon unanime une définition de la ville. Celle-ci est définie selon qu'on est géographe, sociologue, démographe ou selon l'orientation scientifique que l'on voudrait donner à sa recherche. Toutefois, pour le statisticien, la ville se conçoit avant tout comme une agglomération humaine qui dépasse un certain nombre d'habitants en l'occurrence 2000[10] en France, 20.000 aux Etats-Unis d'Amérique, 100.000 en République Démocratique du Congo et 5.000 dans d'autres pays[11].

La ville se définit autrement chez l'administrateur, elle est considérée comme le lieu d'implantation des services d'une partie du territoire national ; acceptation que l'on partage par exemple au Brésil ; la définition de la ville, pour le géographe, est surtout fonctionnelle, puisqu'il s'agit d'une agglomération caractérisée par la présence et la concentration des activités spécifiques c'est-à-dire modernes, industrielles et tertiaires[12].

Aussi longtemps que les critères démographiques, géographiques, économiques, statistiques, économiques, administratifs... ne sont pas mis en relation avec le contexte culturel général dans lequel naissent et vivent les villes, aucune définition du phénomène urbain ne pourrait complètement être satisfaisante. Ainsi, on peut désigner par

[10] Lire FABRIES-VERFAILLIE Maryse, STRAGIOTTI Pierre et JOUVE Annie, *La France des villes le temps des métropoles ?*, Rosny, Bréal, 2000, p. 19. C'était déjà le chiffre retenu au XIXe siècle. Mais au lendemain de la 1re guerre mondiale, on avait pris conscience de limites de cette définition.

[11] Lire MULUMA, Munanga, *Urbanisme et développement. Notes de cours à la Faculté des Sciences et Techniques de Développement*, Facultés Catholiques de Kinshasa, inédites, 1995.

[12] *ENCYCLOPAEDIA UNIVERSALIS*. Corpus 18, pp. 465-467

phénomène urbain « la réalité urbaine qui se manifeste différemment selon les sociétés ».[13]

Quelles sont les tendances actuelles de cette réalité urbaine dans le monde : dans les pays développés comme dans les pays en développement ?

1.1. Les tendances urbaines actuelles dans les pays industrialisés

Selon Milton Santos, la nouvelle économie internationale, née de la troisième révolution industrielle, c'est-à-dire de l'après-guerre, a profondément bouleversé tant qualitativement que quantitativement non seulement l'urbanisation mais aussi les rapports entre les villes. Elle se caractérise par « l'universalisation et la multiplication des échanges, la prépondérance de la technologie et la concentration qui en découle, la complémentarité croissante (coopération entre pays industriels, domination sur les pays sous-développés), les modifications de la structure et des mobiles de la consommation »[14] dont l'effet-démonstration devient un puissant levier dans tous les continents.

La ville occidentale apparaît ainsi comme le foyer de développement du capitalisme qui repose sur la domination et l'exploitation de la majorité par la minorité. La ville a même contribué au développement d'une forme de démocratie politique que l'on a observée dans les pays occidentaux : les révolutions anglaises et françaises, les

---

[13] THIRY, Jean-Pierre, *Théorie sur le phénomène urbain. Analyse critique et matériaux pour une théorie sociologique*, Bruxelles, Imprimerie P. François, 1973, p. 8

[14] SANTOS, Milton, *Les villes du Tiers-Monde*, Paris, Edition Génin, 1971, p. 16

luttes de la classe ouvrière qui aboutissent progressivement à la généralisation du système de liberté et d'institutions représentatives que la bourgeoisie avait jadis instauré à son propre profit.

En Europe Occidentale, pourtant, on observe à partir déjà des XIe et XIIe siècles un phénomène d'essor continu des villes. En effet, à partir de la révolution industrielle, à la fin du XVIIIe siècle, la croissance urbaine s'accélère. Au début du siècle dernier, l'Europe comptait 22 villes de plus de 100 habitants et en compta plus de 150 vers 1914. A cette période, la population urbaine est supérieure à la population rurale des pays de l'Europe occidentale[15]. Aux Etats-Unis, cependant, la population urbaine ne représentait que 10 % de la population rurale totale en 1780. Aujourd'hui, trois Américains sur quatre sont citadins de grandes agglomérations.

Si le phénomène d'urbanisation moderne est apparu en Europe et s'y est répandu lentement au rythme des révolutions techniques successives, la tendance actuelle est donc à l'urbanisation de l'ensemble de la société et particulièrement à la transformation des sociétés développées en sociétés citadines. Dans ces sociétés, la progression ou l'expansion urbaine s'accompagne d'un essor socio-économique attesté par le recul de la population agricole au profit de celle qui occupe des emplois dans le secteur industriel ou celui des services.

Ainsi aux Etats-Unis par exemple jusqu'en 1950, 11 % de la population active étaient employés dans le secteur primaire, 41 % dans le secteur secondaire et 48 % dans le secteur tertiaire. Cependant, en 1980, ces chiffres

---

[15] MULUMA, Munanga, *op.cit.*

deviendront respectivement 3 %, 29 % et 68 %. Du fait de la diminution des masses rurales (encore agricoles) et de la baisse de l'accroissement naturel de la population, l'exode rural dans les pays industrialisés reste beaucoup plus faible que dans les pays en développement.

Toutefois, les migrations interurbaines demeurent plus importantes. C'est pourquoi la croissance numérique de grandes villes occidentales jusqu'à certaines années était loin d'égaler celle des villes de jeunes nations. Les transformations urbaines y apparaissent plutôt qualitatives que quantitatives ou même spatiales. La production urbaine de ces grandes villes se détourne « de plus en plus de la région d'influence historique pour s'orienter vers les marchés lointains, entrainée par un mouvement de spécialisation dû à la concurrence internationale ».[16] C'est en dehors de la région d'influence historique que la matière première utilisée est davantage recherchée.

La production urbaine devient ainsi quotidiennement moins rattachée à la région où elle ne rencontre quasiment plus ni clientèle, ni fournisseur. D'où les anciennes métropoles régionales deviennent, de plusieurs points de vue, tout simplement des métropoles reliées autant à un réseau régional qu'à un réseau mondial. Ce réseau a tendance à s'aggraver jour après jour, par suite du mouvement de concentration spontanée, due à l'accélération du progrès par des négociations commerciales, du type « Kennedy round ».[17] Il apparaît que les possibilités pour l'Etat de contrôler ces tendances nouvelles peuvent déboucher sur une déformation du

---

[16] SANTOS, Milton, *op. cit*, p. 14

[17] SANTOS, Milton, *ibidem*

schéma, dans le sens d'un équilibre volontairement décidé.

S'il faut épingler quelques aspects positifs les plus sensibles que l'urbanisation a favorisés dans les pays développés, il faut retenir l'industrialisation. Elle a permis notamment à la structure sociale d'évoluer non seulement en élevant le niveau des aspirations de l'homme mais aussi et surtout en encourageant une mobilité sociale accrue.

Le phénomène urbain dans ces sociétés a également permis de mettre les services publics plus facilement à la portée d'une forte proportion de la population (urbaine) tout en ouvrant à celle des zones rurales des possibilités économiques accrues susceptibles d'améliorer leurs conditions existantes. Il a contribué ainsi à susciter un effort national en vue d'apporter des solutions à certains problèmes en atténuant l'isolement régional d'une part et en encourageant une plus grande participation économique et politique de tous et de chacun d'autre part.

A revers, le phénomène urbain dans les pays développés semble cacher aussi certaines réalités tristes et inquiétantes : le chômage, l'inversion des valeurs (notamment la délinquance juvénile), la bétonisation, la réduction des espaces verts, la pollution de l'eau et de l'air, etc.

Par ailleurs, les pays en voie de développement dans leur « croissance urbaine » connaissent encore bien d'autres situations difficiles qui les ont fait éloigner de transformations qualitatives dont les premiers jouissent.

2.2. Les tendances urbaines dans les pays du Tiers-Monde

Si dans les pays industrialisés, particulièrement ceux de l'Europe, l'urbanisation est ancienne, le démarrage de la croissance urbaine en tant que phénomène massif et continu constitue un fait relativement récent dans les pays en développement.

En Amérique Latine par exemple, l'urbanisation de type moderne est apparue il y a environ quatre siècles. En Afrique, cependant, c'est au lendemain de la seconde guerre mondiale que les principales villes « noires » se sont développées en général de 5 à 11 % par an avec un taux d'accroissement moyen non pondéré de 7, 2 (cf. le tableau ci-dessous). Cette croissance urbaine est différente de celle que les pays développés ont connue. En effet, son rythme est beaucoup plus rapide que celui de l'occident. On observe dans de nombreuses grandes agglomérations du Tiers-Monde des taux de croissance de l'ordre de 7 à 8 % par an, alors que dans les pays européens au milieu du XIXe siècle, ce taux n'était que de l'ordre de 4 %. L'accélération de l'urbanisation, tout particulièrement durant ces cinquante dernières années est essentiellement le fait des pays en développement. En effet, selon le Rapport du FNUAP (Fonds des Nations Unies pour la Population) 1996, le monde comptait en 1950, 83 villes de plus d'un million d'habitants dont 34 dans les pays sous-développés. Aujourd'hui le chiffre dépasse 280 Beaucoup de villes comprises dans la catégorie des agglomérations de plus d'un million d'habitants sont situées dans les pays en voie de développement. On y trouve 11 des 15 villes les plus peuplées du monde.

Tableau 1 World's population by size class of settlement, 2016 and 2030

	2016			2030		
	Number of settlements	Population (millions)	Percentage of world population	Number of settlements	Population (millions)	Percentage of world population
Urban	..	4.034	54.5	..	5.058	60.0
10 million or more	31	500	6.8	41	730	8.7
5 to 10 million	45	308	4.2	63	434	5.2
1 to 5 million	436	861	11.6	558	1.128	13.4
500 000 to 1 million	551	380	5.1	731	509	6.0
Fewer than 500 000	..	1.985	26.8	..	2.257	26.8

Source : *UNITED NATIONS*, The World's Cities in 2016 *(Data Booklet)*

Observation : D'après les sources onusiennes, entre 2016 et 2030, la population urbaine dans toutes les grandes catégories des villes a tendance à augmenter, alors que la population rurale (45 % en 2016) tend à décroitre sensiblement (40 % en 2030).

Tableau 2 Répartition géographique des 100 villes les plus peuplées du monde

Grande région/continent	Nombre d'agglomérations (unités)	Superficie arrondie (en milliers de km2)	Population concernée en 1990 (en millions)	Population concernée en 1990 (en millions)	Superficie totale (en milliers de km2
Amérique Centrale	14	9,3	23,9	141	2.710
Amérique du Nord	15	83,3	93,9	276	21.515
Amérique du Sud	11	45,9	71,6	297	17.809
Total Amérique	**30**	**138,5**	**189,3**	**714**	**42.034**
Afrique subsaharienne	6	13,5	26,8	527	24.284
Afrique du	3	3,7	17,9	115	6.019

Nord					
Total Afrique	**9**	**17,2**	**44,7**	**642**	**30.303**
Extrême Orient	21	34,5	126,1	1.350	11.755
Subcontinent indien	11	11,4	72,0	1.130	4.470
Indochine et Insulinde	8	15,2	45,9	444	4.494
Moyen et Proche Orient	4	6,3	20,8	205	6.785
Total Asie	**44**	**67,4**	**264,7**	**3.129**	**27.504**
Europe	**12**	**19,8**	**52,2**	**499**	**4.821**
URSS	**3**	**7,5**	**20,3**	**289**	**22.275**
Océanie	**2**	**6,0**	**5,8**	**27**	**8.530**
Total mondial	**100**	**256,4**	**577,0**	**5.300**	**135.466**

Source *: MORICONI-EBRARD, François,* Les 100 plus grandes villes du monde *in* Economie et statistique, *n° 245, juillet-août 1991, pp. 7-18*

D'après les sources de GEOPOLIS, « parmi les 100 plus grandes villes du monde, 9 se trouvent aujourd'hui en Afrique, 30 en Amérique, 44 en Asie, 15 en Europe (…) L'Amérique est largement sur-représentée puisqu'elle n'abrite que 14 % de la population mondiale et que 26 % de sa population vit dans l'une de ces grandes villes. L'Afrique, avec 12 % de la population mondiale ne compte que neuf villes parmi les plus grandes, mais c'est sur ce continent que la croissance a été la plus spectaculaire »[18].

[18] MORICONI-EBRARD, François, *Les 100 plus grandes villes du monde* in *Economie et statistique*, n°245, juillet-août 1991. pp. 7-18

Tableau 3 Accroissement de la population urbaine en Afrique

N°	VILLE	POPULATION		POPULATION		TAUX D'ACCROISSEMENT ANNUEL
		Année	(Milliers)	Année	(Milliers)	
1	ABIDJAN	1955	127	1964	282	8,9
2	ACCRA	1948	136	1970	738	7,7
3	ADDIS-ABEBA	1951	400	1975	1.161	4,4
4	BAMAKO	1945	37	1972	197	6,2
5	BRAZZAVILLE	1955	76	1961-2	136	8, 2
6	BULAWAYO	1946	53	1973	307	6,5
7	COTONOU	1945	26	1975	178	6,4
8	DAKAR	1945	132	1969	581	6,2
9	DAR-ES-SALAM	1948	69	1975	517	7,5
10	DOUALA	1954	118	1970	250	4,7
11	HARARE	1946	69	1973	502	7,3
12	KHARTOUM	1948	210	1967	390	3,3
13	KINSHASA	1946	110	1974	2.008	10,4
14	KUMASI	1955	75	1970	345	10, 2
15	LUANDA	1950	150	1970	475	5,8
16	LUBUMBASHI	1950	103	1974	404	5,4
17	LUSAKA	1950	26	1972	448	12,9
18	MAPUTO	1950	94	1970	384	7,0
19	MOMBASA	1948	85	1973	301	5,1
20	MONROVIA	1956	41	1976	96	4,3
21	NAIROBI	1948	119	1973	630	6,7
22	NDJAMENA	1955	29	1972	179	10,7
23	YAOUNDE	1955	38	1969	166	10,5

Source *: - NATIONS UNIES,* Annuaires démographique
- *HANCE, W. A,* The population of Modern Africa, *1964, p. 54*

Observation : en moyenne la population de ces villes double (même plus) tous les dix ans.

Un taux élevé de population urbaine et un taux remarquable de croissance urbaine paraissent à l'heure actuelle l'une des caractéristiques des pays en développement. On a ainsi constaté que pour les villes de 20.000 habitants et plus par exemple, si la population urbaine a connu une augmentation d'un peu plus d'un tiers entre 1920 et 1960 dans les pays industrialisés, elle a en revanche triplé dans les pays en développement au cours de la même période. On peut constater cette différence de croissance encore plus grande pour les villes de plus de 500.000 habitants où la population a presque doublé entre 1920 et 1960 dans les pays développés, pendant que dans ceux du Tiers-Monde, elle septuplait (cf. le tableau ci-dessous).

Néanmoins, le taux d'urbanisation est resté, malgré tout, beaucoup moins élevé dans la deuxième catégorie des pays que dans la première. En effet, en 1980, 20 % de la population du Tiers-Monde et plus de 75 % de celle des pays développés habitaient des régions urbaines du point de vue du taux d'urbanisation.

Tableau 4 Importance de l'évolution de la population urbaine dans les pays industriels et dans les pays sous-développés

% POPULATION URBAINE (20.000 hab. et +)	1920	1930	1940	1950	1960
Pays développés	27	31	36	38	44
Pays sous-développés	6	7	9	12	16
Monde	14	16	19	21	25
% POPULATION GRANDES VILLES (500.000 hab. et +) sur population urbaine					
Pays développés	43	47	46	45	49
Pays sous-développés	22	26	32	37	43
Monde	38	41	41	42	47
% POPULATION GRANDES VILLES (500.000 hab. et +) sur population totale					
Pays développés	12	15	16	17	22
Pays sous-développés	1	2	3	5	7
Monde	5	7	8	9	12

***Source** : SANTOS, Milton,* idem, *p. 27*

L'autre particularité du phénomène urbain dans le Tiers-Monde est le fait suivant : l'accélération de la croissance urbaine n'y a pas partout résulté d'un développement industriel local. Les facteurs qui expliquent cette croissance ont été notamment l'explosion démographique et l'exode rural ? Ce dernier a favorisé la ruée des populations rurales vers les villes qui dès lors remplissaient des fonctions administratives et commerciales plus que celles de production.

Aujourd'hui, le mouvement démographique naturel, c'est-à-dire l'excédent de naissance sur les décès, contribue de plus en plus à expliquer la croissance des villes de cette catégorie des pays. Toutefois, on estime aussi que les flux migratoires des ruraux qui viennent habiter la ville comptent encore pour près de la moitié dans cette croissance. Que dire d'autres tendances urbaines qui se dessinent sur l'évolution des sociétés du Tiers-Monde ?

Outre ces considérations d'ordre démographique, il faut signaler que si les pays développés se sont urbanisés lentement au rythme des révolutions techniques successives, dans les pays dépendants, d'après Milton Santos, les différents processus se sont précipités presque sans décalage dans le temps. Il s'est ainsi produit une certaine superposition des différentes révolutions techniques. En effet, on constate que les processus révolutionnaires, en l'occurrence l'accroissement démographique naturel, la croissance économique, les progrès de l'instruction, les premières expériences de l'organisation de l'espace y sont plus ou moins concomitants et contemporains. En général, les cas d'urbanisation compliqués par les mécanismes de renforcement des situations acquises telles qu'apparues en Occident depuis des siècles sont ici des faits nouveaux.

Aussi, constate-t-on qu'il y a peu de temps que l'on puisse parler de « réseaux » et que les résistances opposées aux facteurs nouveaux provoquant la naissance de ces réseaux sont forcément moins fortes. D'où on aboutit à un double résultat : d'une part une tendance à la croissance accélérée de grandes villes et d'autre part la naissance de nombreuses petites villes, aspect souvent peu exploité dans les études urbaines des pays sous-développés.

Au regard du premier résultat, on constate dans chaque armature nationale des pays en développement quelques villes qui font un grand pas en ce qui concerne leur fonction industrielle ; c'est le cas de Kinshasa et de Lubumbashi, la capitale du cuivre en R.D Congo. Les autres qui sont demeurées métropoles incomplètes, ont surtout tendance à continuer le même processus sauf si à proximité elles bénéficient de ressources naturelles ; c'est l'exemple de Matadi, Kisangani, Bukavu, Goma, … Quant au phénomène d'émergence des petites villes, Santos fait remarquer que les relations commerciales entretenues par les centres locaux et les centres régionaux avec les métropoles complètes sont à la base de l'éclatement des régions urbaines traditionnelles. Les transformations à la fois qualitatives, quantitatives et spatiales apportées aux fonctions et contenu urbains, aux types de relations entre les villes et leur zone d'influence accentuent la fluidité du réseau.

Même s'il présente des caractéristiques distinctes, ce phénomène reste donc général. Dans les pays industrialisés, les transformations d'ordre qualitatif sont plus perceptibles que celles d'ordre quantitatif et spatial alors que dans les pays en développement c'est le contraire. Ces aspects qualitatifs de développement urbain dépendent davantage des données d'ordre économique, à la fois cause et effet d'une forme nouvelle de rapports interurbains. De ceux-ci dépend de plus en plus le réseau urbain tant les sociétés industrialisées que dans les pays en développement. Il en résulte une place prédominante du problème des flux.

L'autre manifestation du phénomène urbain dans les pays en développement reste le caractère mimétique et extraverti du nombre de villes. Le phénomène de naissance des petites villes à l'intérieur même d'une ville, résultat d'une opposition entre niveaux de vie et secteurs d'activités économiques, est un exemple marquant d'une mauvaise adaptation de la réalité urbaine des pays en voie de développement. En observant l'espace interne des villes de ces pays, Milton Santos présente 4 types de leurs différents secteurs :

1. Les quartiers riches

Relativement homogènes et habités en majorité par les cadres, ces quartiers bénéficient de la plus grande partie des équipements urbains (réseau d'électricité, de raccordement en eau potable, de voirie et d'assainissement, etc.) et souvent d'un réseau de services commerciaux. Toutefois, d'une façon générale, ces zones peuvent s'auto-suffire en ce qui concerne la vie urbaine quotidienne. A Kinshasa, l'illustration peut être donnée par la commune de la Gombe où cohabitent souvent les résidences à étages et le commerce au rez-de-chaussée dans un même immeuble souvent de haut standing (Photo cf. infra).

Kinshasa-Sozacom. Photo Sankurunews

Kinshasa le centre-ville. Photo digitalcongo.net

2. Les quartiers pauvres de la périphérie

Ils ne sont pas nécessairement constitués de bidonvilles. Il convient donc de garder à la notion de bidonville un sens précis car elle recouvre un phénomène très particulier. Ainsi, parmi les quartiers d'habitations populaires de la périphérie qui n'entrent pas dans la catégorie des bidonvilles, on distingue deux sortes :

– La première catégorie de quartier d'habitations populaires résulte d'une croissance spontanée. Ces quartiers ont un plan irrégulier (implantations aléatoires) et souffrent souvent d'un sous-équipement à tous points de vue. On peut citer le cas des communes de Makala, Bumbu, Ngaba et Selembao formant dans leur ensemble la Zone d'Extensions Sud de Kinshasa (cf. Carte IV : Grandes zones d'habitat urbain), et habitées par des populations démunies dans des habitations irrégulières. Un autre exemple nous est donné par Dakar au quartier de la Médina qui abrite aussi une population africaine au niveau de vie très faible mais dépourvue d'habitations irrégulières. D'Ouest à l'Est on observe une dégradation dans la qualité de la construction, de la voirie, etc. Il s'agit d'une forme de transition entre le centre-ville et le bidonville. Un phénomène exactement identique à celui-ci se retrouve dans le quartier d'Abadan (une ville de la province du Khuzistan en Iran) appelé Ahmada-Bad ; fait caractéristique de ce quartier : l'électricité y est fournie mais le courant n'est pas fourni tous les jours de la semaine. Les habitants de cette catégorie de quartiers exercent une activité régulière mais non qualifiée.

– Le deuxième type de quartiers d'habitations populaires résulte d'un effort planifié de construction type de quartier aussi bien à Mexico dans « les colonies prolétariennes » qu'à Alger ou encore à Abadan. Exclusivement peuplés de travailleurs qualifiés de la raffinerie, ces quartiers quoiqu'isolés, sont plus proches du lieu du travail que du centre-ville ; ils sont dotés d'espace et d'un équipement correct, cependant ils jouissent de très peu de commerces pour leurs habitants car l'essentiel des services est concentré dans le centre-ville ; contrairement aux quartiers de résidence aisée, ces quartiers ne sont donc pas à même de vivre en circuit fermé.

Makala, un quartier pauvre de Kinshasa

Construction au cœur des ravins dans un quartier pauvre de Kinshasa

3. Le bidonville

Les bidonvilles sont les types d'habitat des pays sous-développés auxquels de nombreuses études ont été consacrées. Ils peuvent être étudiés par caractérisation du site et des caractères juridiques et urbanistiques.

– Site et situation : les bidonvilles s'implantent sur de terrains de faible valeur, impropre et non destinés à la construction. C'est les cas pour les pentes raides à Rio

(Morros) ou à Caracas (Cerros), les terrains marécageux dans l'Asie humide (des moussons) à Saigon ou à Calcutta, les dépôts d'ordures urbaines à Lima, etc. Outre ces cas, il en existe un, très particulier, c'est celui du « **site mouvant** » des Sampans de villes de l'Asie du Sud-Est, tel qu'à Saïgon où les embarcations servant de logement sont obligées de se déplacer sans cesse pour échapper aux contraventions. Quant à la situation du bidonville, elle est généralement périphérique. Mais les plus anciens bidonvilles sont souvent situés au cœur même de la ville (les sampanvilles de Saïgon ou les gourbivilles de Tunis) ; la tendance toutefois est au déplacement de ces derniers de plus en plus loin du centre-ville proportionnellement à l'importance de la croissance urbaine.

– Caractéristiques juridiques et urbanistiques : par définition, le bidonville est un habitat clandestin : d'où son nom de « barrios clandestinos » en Colombie. Il s'installe sur des terrains publics ou abandonnés. Au Pérou par exemple, en 1960, sur 154 bidonvilles, 92 occupaient des propriétés de l'Etat ou de la commune. Très souvent l'opération de « squatterisation » se fait à l'abri de la police.

Ainsi leur infrastructure et leur construction attestant du caractère illégal des installations et surtout du niveau de revenus faible des habitants sont pratiquement nulles : rareté de poste d'eau, inexistence des égouts ; les maisons souvent en matériaux non durables, sont exiguës, sans étages…

Kawele, un bidonville en pleine capitale Kinshasa/Limete. Photo latempete.info

Quartier Pakadjuma à Kinshasa. Photo thenewhumanitarian.org

4. Le centre urbain

Le « centre » urbain se caractérise par un paysage architectural et humain beaucoup plus complexe que dans d'autres secteurs. Sa localisation d'ailleurs n'est pas nécessairement au centre de la ville. A Abadan par exemple, il occupe une position décalée vers l'Est, et même dans de nombreuses villes portuaires, il est situé au bord de la mer ou du fleuve. Cas de Matadi et de Kinshasa en R.D Congo. Dans le pays en développement, ses principales caractéristiques sont le fait d'être le nœud essentiel du réseau des voies urbaines (ce qui peut favoriser plusieurs centres au sein d'une même ville) et la présence d'une forte concentration de services de tous niveaux entre autres les commerces.

Dans certaines villes des pays en développement, notamment dans les cités d'importance moyenne ou dans celle qui ont connu un développement très rapide, le centre est unique et monopolise souvent presque toutes les fonctions afférentes : services urbains et même ceux à l'échelon national ou régional.

L'Etat et l'organisation de l'espace interne des villes des sociétés en voie de développement amènent à certaines interrogations d'ordre écologique. Aussi consacrons-nous le paragraphe suivant à la question écologique que posent les villes du Nord comme celles du Sud.

Kinshasa-Boulevard du 30 juin. Photo lesignalducontinent.over

§2. LA QUESTION ECOLOGIQUE

La crise urbaine est aujourd'hui globale. Elle affecte aussi bien les nations industrielles que celles qui tendent vers l'industrialisation. On aurait certainement beaucoup de peine à trouver dans le monde une seule société où les questions relatives à l'environnement urbain et à la croissance des villes sont résolues et traitées de manières satisfaisantes et efficaces. Le milieu urbain est soumis à une pression grandissante du fait non seulement de la croissance de la population et de l'exode rural mais aussi des exigences matérielles plus pesantes que les activités techniques et industrielles de l'homme font peser sur l'environnement.

Cela contraint beaucoup de pays et même l'humanité tout entière à envisager la poursuite du développement dans une vision plus rationnelle et plus constructive. Cette urgence devient plus évidente encore dans les zones urbaines en rapide expansion notamment celles des pays en voie de développement.

Les stratégies appliquées jadis dans le domaine du développement urbain (création de villes nouvelles, ouverture des territoires nouveaux…) conçues pour jouer un rôle de « soupape de sûreté » au cours de précédentes décennies se révèlent aujourd'hui limitées. Dès lors la communauté humaine est appelée à « mener de front deux campagnes qui ne sauraient être dissociées dans la pratique et dont l'objectif est de rendre sensées et harmonieuses les relations entre l'homme et son habitat naturel ». [19]

Même si elle est globale, la crise urbaine mondiale se pose en des termes spécifiques suivant les régions géographiques. Mais ceux-ci n'excluent nullement la

---

[19] NATIONS UNIES, *op.cit.*, p. 7.

similitude des problèmes, quoique de différente ampleur, dans les deux grandes régions économiques du monde : les régions industrielles et celles en développement.

2.1. Les tendances de la crise écologique urbaine dans les pays développés

L'étude des problèmes d'urbanisation dans les pays développés amène à s'interroger sur les conséquences et les transformations que le processus d'industrialisation a entraîné sur l'environnement c'est-à-dire sur « la qualité de l'eau, de l'air, des aliments, le bruit, le paysage urbain, la durée des migrations alternantes, la présence ou l'absence d'espaces verts, à la fois pour leur rôle dans la lutte contre la pollution atmosphérique et pour le contact avec la nature qu'ils procurent »[20]

Mais il faut partir d'une certaine analyse de cette urbanisation. Si l'urbanisation symbolise peut-être le mieux les transformations sociales, économiques et matérielles des sociétés industrialisées, l'industrialisation avec laquelle elle s'est associée présente les dangers qui remettent en cause le rôle dynamique que l'environnement urbain a toujours joué pour l'épanouissement de l'homme.

Jadis l'accroissement de la capacité de production et de construction de la société dans les pays développés était considéré comme un facteur qui contribuait généralement à la création d'un environnement urbain satisfaisant.

Mais avec l'avènement de la révolution industrielle, s'est effondrée cette relation qui était plus ou moins complémentaire. Les grandes usines ainsi que les mines, la

---

[20] CARNER, CH, cité par CASTELLS, Manuel, *La question urbaine,* Paris, Edit. François Maspero, 1972, p. 237

fumée, le bruit, les espaces occupés par les entrepôts et les transports, les déchets… font leur apparition. Elle porte atteinte de ce fait aux conditions d'existence dans le voisinage. Dans ces pays, ce sont surtout la pollution de l'air et de l'eau ainsi que l'élimination des déchets qui retiennent particulièrement l'attention de ceux qui se soucient de l'environnement.

Ces problèmes y ont atteint, selon les Nations Unies, des proportions critiques. A titre d'exemple pour une ville d'un million d'habitants, les polluants de l'air représentent à l'heure actuelle aux Etats-Uniens environ 350.000 tonnes, par an, les effluents liquides correspondent à un débit de l'ordre de 8 à 9 mètres cubes à la seconde tandis que dans une ville occidentale du même nombre d'habitants, les quantités de déchets solides varient entre 500.000 et 1.000.000 de tonnes par an[21]

En revanche, les mesures préventives susceptibles d'éradiquer les causes de la dégradation sur les effets retiennent souvent moins l'attention. On en arrive à conclure que la ville et l'environnement montrent aujourd'hui que le développement n'a pas réussi à faire progresser la société simultanément sur tous les aspects importants de la vie.[22] La vie urbaine laisse voir un certain « désordre écologique » résultant de sa croissance dont on s'occupe comme d'un « à côté » de l'expansion économique. Peu sont les sociétés industrialisées qui ont fait du développement un « élément moteur » de leur stratégie

---

[21] NZUZI Lelo, *Cours de Techniques d'Assainissement des milieux urbain*, L2 STD, inédit, F.C.K., 1996

[22] NATIONS UNIES, *Colloque sur les effets de l'urbanisation sur l'environnement.* 13-20 juin 1970, New York, N.U, 1972, p. 34

globale du développement et très rare sont assurément celles qui ont fait du développement urbain ces « écoles vivifiantes de civilisation. »[23]

Pollution de l'air New Jersey. Photo footage.framepool.com

Paris sans voiture mais pas sans débat. Photo sciencesetavenir.fr

Si dans les pays développés, il y a une crise de l'environnement qui se présente de façon générale par une dégradation du cadre de vie, cette crise ne saurait être exclue

[23] NATIONS UNIES, *ibidem*

d'autres crises dont souffrent les grandes villes surtout celles des pays émergents : manque d'espaces libres et encombrement, difficultés des transports, surcharge des équipements collectifs…

2.2. Les tendances de la crise écologique urbaine dans les pays émergents

Dans les pays en développement, l'urbanisation qui précède parfois l'industrialisation aboutit souvent à des économies précaires et dépendantes, un développement régional non planifié, irrégulier et peu dynamique.

Il s'ensuit que la plupart de grandes villes ne sont pas convenablement équipées pour qu'elles exercent le rôle des pôles de développement national et régional, et de centres d'intégration sociale.

Les effets combinés de la migration et de l'accroissement naturel posent aux villes des pays en développement des problèmes énormes notamment la répartition déséquilibrée de la population dans les zones urbaines, l'approvisionnement en eau potable et en denrées alimentaires, la disparition des espaces verts, la dégradation des équipements collectifs, la pollution de l'air et de l'eau, les nuisances acoustiques, etc.

Ces problèmes deviennent de plus en plus graves dans ces pays au fur et à mesure qu'ils orientent leurs efforts vers le développement économique tout en pratiquant une mauvaise gestion de l'environnement.

Les approvisionnements en eau sont non seulement pollués par des déchets, des rejets humains (eaux sales…) mais deviennent de plus en plus toxiques au fur et à mesure qu'ils rencontrent des effluents industriels des usines en plein essor. Cela constitue une réalité fréquente dans les bidonvilles surpeuplés où les systèmes d'approvisionnement en eau et d'évacuation des excréments doivent supporter des charges d'utilisation énormes. Il en résulte de sérieux problèmes de mortalité.

Selon le rapport de la Banque Mondiale 1992 :

– La pollution de l'eau entraîne plus de 2 millions de décès et des milliards de maladies par an alors que la pénurie d'eau accroît les risques de maladies ;

– La pollution atmosphérique a de nombreux effets aigus et chroniques sur la santé et les matières particulaires en suspension dans les villes sont responsables de 300.000 à 700.000 décès prématurés chaque année et de la moitié des cas de taux chronique chez les enfants ;

– Les déchets solides et dangereux propagent les maladies telles que le paludisme, la schistosomiase, la leishmaniose… et obstruent souvent les égouts ;

– La dégradation des sols dont l'érosion est le symptôme le plus visible occasionne des pertes de potentiel productif de l'ordre de 0,5 à 1,5 % du PIB par an dans certains pays et peut également endommager les infrastructures telles que les barrages, les ponts, etc.[24]

Il apparaît clairement que la pression qu'exercent les villes des pays en développement sur une organisation peu efficace des terrains est un des facteurs essentiels des problèmes écologiques dont souffrent ces pays notamment l'Afrique. On ne saurait pas en dresser une liste exhaustive.

En conclusion, au regard des tendances de la crise écologique urbaine telles que présentées dans les deux

---

[24] BANQUE MONDIALE, *Rapport sur le développement dans le monde 1992. Le développement et L'environnement,* Washington D.C, B.M ; 1992, p. 5

hémisphères du globe, cette crise apparaît tant au niveau national qu'international une affaire de priorités. Comme le soulignent les Nations Unies, depuis longtemps on a souvent négligé dans les pays industriellement avancés comme dans le reste du monde les besoins matériels et humains des centres urbains de peuplement. Mais il faut créer, exhortent-elles, un environnement urbain dans l'optique Agenda 21 car l'urbanisation de la planète sera encore plus importante dans les années à venir.

Faudra-t-il arrêter ou encourager le processus d'urbanisation ? L'urbanisation en elle-même est non seulement un phénomène incontournable mais aussi et peut-être l'avenir inconditionnel du monde. En théorie comme en pratique, aucune politique qui irait à l'encontre de l'urbanisation ne saurait être possible, ni souhaitable.

Toutefois, pour que le processus d'urbanisation ne soit ni aléatoire ni chaotique, il doit s'inspirer de très bonnes politiques d'aménagement des espaces.

Problème d'évacuation des eaux usées dans un quartier pauvre de Kinshasa

Problème d'accès aux équipements collectifs dans un quartier pauvre de Kinshasa

Deuxième chapitre
L'urbanisation et l'aménagement de Kinshasa : diagnostic territorial de la Zone d'Extensions Sud

§1. LE PROCESSUS D'URBANISATION DE KINSHASA

Un regard sur le phénomène urbain en RD Congo permet de mettre en évidence que beaucoup de villes congolaises sont de création coloniale. Ces villes sont pour la plupart nées d'une nécessité commerciale, de l'exploitation minière ou du contrôle administratif. Néanmoins, cette imputation du phénomène urbain congolais à la colonisation n'empêche pas d'affirmer qu'avant le XVIIe siècle jusqu'aux trois premiers quarts du XIXe siècle, l'Afrique connaissait une organisation de l'espace purement autochtone. En effet, certains milieux choisis pour le contrôle de l'espace au temps colonial jouissaient déjà d'une valeur stratégique exploitée dans la période pré-coloniale.

Avant même la pénétration européenne, les rives du

Pool Malebo étaient constituées de nombreux villages dont les habitants vivaient du commerce. Capitale de la zone du Fleuve, une des six zones socio-économiques de l'Afrique Centrale pré-coloniale, [25] Kinshasa s'est longtemps révélée comme un grand centre commercial. Sa genèse, sa croissance et son habitat méritent une attention particulière.

1.1. L'histoire et la genèse d'une grande ville

1.1.1. La naissance de la ville

Un certain 3 décembre 1881, Henri Morton Stanley baptisait Léopoldville la station qu'il venait d'installer : une forteresse en bois et quelques constructions en pisé sur ce qui est aujourd'hui le Mont-Ngaliema. La ville de Léopoldville, aujourd'hui Kinshasa, est bâtie sur la rive gauche du fleuve Congo, en aval du pool Malebo alors Pool Stanley. Elle est presque au point où la navigation vers l'océan Atlantique, distant de 560 km, est interrompue par une suite de rapides. L'agglomération est née à l'Ouest de l'immense cuvette du Pool, sur la plaine alluvionnaire qui vient buter en amphithéâtre aux premières collines du massif ancien des Monts de Cristal, aujourd'hui Mont Ngaliema.

Vers l'Est, en arrière, d'une large bande marécageuse, de grands espaces se montraient favorables au futur développement urbain. Dès son origine, le site occupé par la ville était loin d'être vide. En effet sa grande plaine était couverte de villages dont quelques-uns constituaient de

---

[25] DE SAINT MOULIN, Léon, *Aménagement du territoire et projet de société au Zaïre* dans *Zaïre-Afrique*, n° 200, décembre 1986, pp.583-594

petites bourgades. On pouvait y observer un alignement de hameaux sur la rive du fleuve à l'actuel emplacement du port de Kintambo. Site portuaire, Kinshasa s'est aussi révélée un grand centre commercial qui a su profiter de sa position géographique pour se doter et développer de multiples fonctions, notamment le commerce et l'administration. Etymologiquement, Kinshasa vient du mot « Shasa » ou « Nshasa » qui provient du verbe de la tribu Téké « Tsaya » pour signifier « échanger » ; « Nsasa » veut donc dire « marché ». Le préfixe « Ki » provient des marchands de la tribu voisine Kongo pour en faire un nom de lieu : Kinshasa, ce lieu de troc[26].

Les activités commerciales au bord du Fleuve et la fonction administrative stratégique de la ville naissante sont autant des facteurs qui expliquent encore le processus d'urbanisation rapide de Kinshasa. « Le site de Kinshasa dès le début de la colonisation rassemblait tous les atouts pour devenir une métropole. L'administration coloniale ne s'était pas trompée parce que déjà avec l'arrivée du rail en 1898, la ville enregistrera son premier boom démographique et spatial, signe d'une dynamique urbaine de première heure »[27].

1.1.2. La croissance démographique et urbaine

La croissance démographique et urbaine de Kinshasa est de plus spectaculaire. En 1889, la ville naissante s'étendait sur une superficie de 115 ha pour 5.000 habitants

---

[26] LELO NZUZI, Francis, *Kinshasa. Ville et environnement*, Paris, L'Harmattan, 2008, p. 18

[27] LELO NZUZI, Francis, *Kinshasa. Planification et aménagement*, Paris, L'Harmattan, 2011, p. 31

alors qu'en 1910, Kinshasa était déjà une agglomération de 280 ha avec une population d'environ 10.000 habitants. Elle se développera tant pendant la première guerre mondiale (1914-1918) que les hommes d'affaires comme l'administration publique demanderont le transfert de la capitale congolaise de Boma à Léopoldville. La décision du transfert était prise en 1923 mais elle ne se réalisera que plus tard en octobre 1929.

Toutefois un peu avant, soit en 1919, 14.000 habitants occupaient la ville sur une superficie de 650 ha. En 1922, Kinshasa comptait plus de 17.000 habitants et connaissait son expansion au Sud de la ligne du chemin de fer. Le district urbain couvrait plus de 5.000 ha et englobait en une seule entité administrative Kinshasa et Léopoldville sous le nom de Léopoldville. Le nom de Kinshasa était alors réservé à l'une des Cités Africaines que l'on venait de créer : Kinshasa et Barumbu. A l'Ouest, l'accroissement du centre administratif entraîna le déplacement de Kintambo au Sud de la voie ferrée où commence à se bâtir la commune qui existe encore aujourd'hui. La commune de Lingwala, alors Saint-Jean, ne devait s'édifier que plus tard au cours des années trente.[28]

Ces « Anciennes Cités » sont le prototype de ce que sera la croissance de l'habitat pour l'ensemble de la ville. Le plan orthogonal, modèle typique de toutes les créations urbaines volontaires, quadrille le terrain en parcelles d'une surface variant entre 200 et 300 m^2. Les maisons se construisent spontanément, le plus souvent en matériaux légers selon les techniques traditionnelles. Les zones d'habitat spontané

---

[28] D.T.P.A.T. et B.E.A.U, *Kinshasa : croissance urbaine*, Kinshasa, B.E.A.U, 1975, 88 p.

naîtront suivant ce modèle (cf. la carte I).

Les équipements d'infrastructures sont limités à un réseau d'assainissement fluvial. Celui-ci est raccordé aux rivières dont la canalisation rend facile le drainage. D'autres réseaux (de distribution d'eau et d'électricité) seront installés un peu tard, tandis que, même si les principaux axes sont revêtus, la voirie tertiaire restera encore sommaire. Pendant la même période, la ville « européenne » se développait le long du fleuve en direction de la pointe de Kalina aujourd'hui la Gombe.

En 1930, c'est la grande crise économique mondiale. Dans la capitale congolaise, on pouvait en observer quelques signes avant-coureurs ; ralentissement des activités, diminution de la population… De 1935 à 1940, commenceront petit à petit à renaître les activités urbaines. Elles ne reprendront considérablement leur accélération que pendant la seconde guerre mondiale car la R.D Congo sera l'un des principaux fournisseurs des alliés en minerais stratégiques en l'occurrence le cuivre, l'étain et l'uranium. C'est au cours de cette période de l'effort de guerre que la zone industrielle de Ngaliema verra le jour. Celle-ci a eu comme effet d'entraînement le développement de Kintambo. Les deux usines UTEXCO et CHANIC y feront construire des logements pour leurs mains d'œuvre. La zone industrielle du port s'étendait donc du Sud du quartier Ndolo jusqu'à l'embouchure de la rivière Funa tout en rattachant à la ville le port de pêche de Kingabwa.

Ce développement considérable des activités aura pour conséquence la croissance continue de la population et la naissance d'une deuxième génération de cités au Sud de la zone marécageuse drainée par la tranchée Kasa-Vubu. Les infrastructures y étaient quasi les mêmes que dans les Anciennes Cités.

Toutefois plus grandes sont les parcelles, plus importantes seront les emprises de voirie. Le « centre européen », avec la construction de l'immeuble FORESCOM (premier building en étage de la ville), prenait l'allure d'une véritable métropole d'affaire.

En 1945, l'extension de Kinshasa atteignait 100.000 habitants (le graphique cf. infra). Cette extension de la ville a permis la création d'un service de planification et d'urbanisme qui, en 1950, élaborait un plan d'aménagement dans le souci de bien maîtriser le cadre urbain.

A l'Ouest de la ville, Bandalungwa venait d'inaugurer l'habitat en hauteur qui était encore limité aux immeubles à usage commercial. L'infrastructure y était soignée car l'eau, l'électricité, la voirie, l'assainissement et les équipements collectifs y étaient déjà installés au moment de la construction. En relation avec l'installation de la zone industrielle de Limete, les cités planifiées de Yolo, Matete et Lemba seront érigées de la même manière.[29]

A l'Est, au-delà de la rivière N'djili, le site se révélait comme une « ville satellite ». On y abandonne le traditionnel plan orthogonal mais la construction est laissée à l'initiative des occupants avec un minimum d'infrastructure.

Dans le « quartier européen », cependant, deux perspectives triomphales comparables à celles de capitales européennes étaient envisagées : d'une part la défection de l'aéroport de Ndolo et d'autre part la mise en valeur des terrains non bâtis qui prolongeaient celui-ci à l'Ouest ; cette

[29] D.T.P.A.T et B.E.A.U, *op. cit.*, 88 p.

mise en valeur aurait permis de créer un centre administratif et commercial. Les premiers jalons posés en étaient entre autres le Palais de la Justice et les Immeubles du Royal. Pendant cette même période des années 50, marquée par le mouvement d'urbanisation de grandes villes africaines, Kinshasa avait largement pris le départ avec la conquête des collines par le quartier de villas de Joli-Parc, Djelo-Binza et même loin de la ville, Mont-Ngafula.

Au Sud, sur les crêtes de Kimwenza, était construite l'Université de Lovanium aujourd'hui l'Université de Kinshasa, suivant le système américain du campus universitaire éloigné de la ville.

Dès 1959, les premières installations irrégulières se faisaient déjà jour sur la périphérie de N'djili et Kinshasa était ainsi, à la veille de l'indépendance, la plus grande ville de l'Afrique Centrale.

En 1960, avec l'indépendance du pays, le cadre urbain éclate et la population déborde spontanément les limites volontaires qui jusque-là circonscrivaient la ville.

De 1960 à 1966, la population est passée de 400.000 à 1.000.000 d'habitants et occupera une superficie de 12.000 ha, comme le montre le graphique ci- dessous, d'après la Mission Française d'Urbanisme à Kinshasa en 1967.

GRAPHIQUE : EVOLUTION DE LA POPULATION DE KINSHASA ENTRE 1881 ET 1966

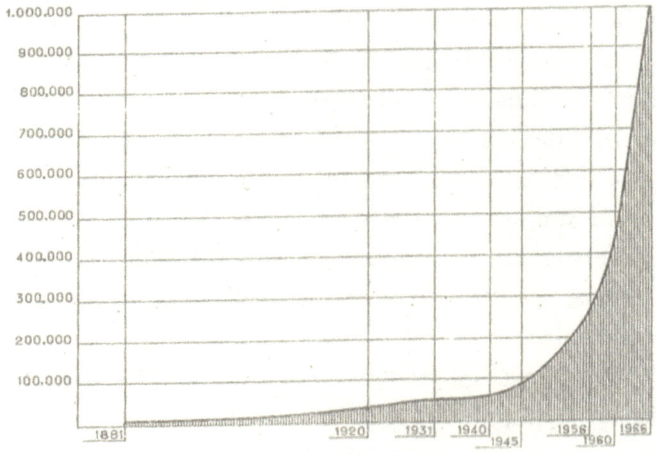

SOURCE : Mission Française d'Urbanisme
Kinshasa 1967

L'évolution de Kinshasa constitue un phénomène exceptionnel car en peu d'années, la ville a été portée au rang des grandes métropoles et des agglomérations millionnaires. Le caractère explosif de la croissance physique de l'agglomération a eu pour conséquence notamment la modification irréversible de la morphologie et de la structure urbaines de la capitale (cf. la carte II). Cette croissance a également modifié le mode d'utilisation du site, le comportement de la population, les besoins à satisfaire et les actions à promouvoir. Près de 5.000 ha se sont urbanisés à l'époque, spontanément à partir des initiatives privées, échappant complètement au contrôle des autorités. Cette extension des zones « spontanées » n'a pu être hélas accompagnée de services indispensables à la bonne organisation de la vie urbaine. On y déplorait déjà l'absence quasi-totale de la voirie, des réseaux d'eau, d'assainissement, d'électricité, d'équipements sociaux, … ne permettant guère de bien desservir une population d'environ 450.000 habitants. Aujourd'hui, ce phénomène a encore repris d'ampleur.

En 1975, la superficie urbanisée de Kinshasa s'estimait à 19.000 ha et abritait une population de près de 1.750.000 habitants. L'utilisation recouvrait largement les sites collinaires à l'Ouest et au Sud, entraînant leur dégradation.[30]

En 1980, on estimait à 20.000 ha la superficie de Kinshasa et à 2.500.000 habitants sa population.[31] Avec le recensement scientifique de 1984, la population Kinoise s'élevait à 2.664.609 habitants occupant une superficie de 9.965,2 km^2 et était projetée à 3.601.000 habitants en l'an 2.000.[32]

« A Kinshasa, le taux de croissance annuel moyen était d'environ 8 % entre 1960 et 1980 (Mwanza Wa Mwanza, 1996) ; il est estimé à 4 à 5 % depuis les années 80 (Lelo Nzuzi, 1991 ; Luzolele *et al.*, 1999). De tels taux de croissance auraient engendré une population d'environ six millions d'habitants en 2000, ce qui élève Kinshasa à la seconde place, donc après Lagos, parmi les villes les plus peuplées d'Afrique noire (…). La croissance démographique entraîne une pression sur l'espace kinois car elle est à l'origine de l'extension de la zone bâtie en

---

[30] D.T.P.A.T et B.E.A.U, *Idem*

[31] DE MAXIMY, René, *Kinshasa, ville en suspens. Dynamique de la croissance et problèmes d'urbanisme : étude socio-politique*, Paris, Ed, de l'O.R.S.T.O.M, 1984, p. 117

[32] I.N.S, *Caractéristique démographiques. Zaïre/Kinshasa recensement scientifique de la population Juillet 1984*, vol. I. Kinshasa, I.N.S, 1991, p. 90-91

périphérie et de la densification des zones déjà bâties. Ces deux dernières sont en étroite relation via les migrations intra-urbaines. En effet, la croissance de la population dans les communes périphériques est essentiellement due aux migrations issues d'autres communes de la ville, sans oublier le facteur de croissance naturelle, très important dans cette ville ».[33] Durant la période de 1985 à 1990, on estimait à Kinshasa le taux de natalité à 58,3 %, le taux d'accroissement naturel à 45,7 %, le taux migratoire à 10,1 et le taux de croissance à 5,6 %[34].

Quelques observations méritent d'être faites en analysant la croissance démographique et urbaine de Kinshasa. En effet, il est intéressant surtout de noter de prime abord que dès son origine, la ville appuie son développement sur le développement de la fonction industrielle. On constate qu'avant l'indépendance chaque étape de sa croissance est marquée à la fois par une extension de l'habitat et par la création d'une zone industrielle (cf. la carte III). Aujourd'hui ce n'est plus le cas. L'évolution anarchique de la ville, ces dernières années, tend à remettre en question les structures anciennes. En effet, cette évolution est liée à la transition urbaine.

---

[33] WOLFF, Eléonore et DELBART, Virginie, *Extension urbaine et densité de la population à Kinshasa : contribution de la télédétection satellitaire* in *Belgeo [*En ligne], 1 | 2002, mis en ligne le 31 mars 2002, consulté le 25 août 2019. URL : http://journals.openedition.org/belgeo/15451 ; DOI : 10.4000/belgeo.15451

[34] OTCHIA SAMEN, Christian, Les déterminants de la qualité de l'habitat à Kinshasa. Approche par le modèle Biprovit (Probit bivarié). https://www.memoireonline.com/12/07/818/m_determinants-qualite-habitat-kinshasa-modele-biprobit5.html consulté le 26/08/2019.

1.2. Les grandes zones d'habitat urbain

Deux facteurs expliquent l'organisation actuelle de la ville de Kinshasa : d'une part un système d'organisation qui, pendant l'époque coloniale, a fortement marqué la distinction entre les quartiers européens et les cités ; et d'autre part les étapes de la croissance.[35]

Sur le terrain, on distingue très nettement ces influences qui permettent de diviser la ville en 6 grandes zones d'habitat (cf. la carte IV), en tenant compte de leur équipement, de leur situation géographique et de leur époque de création : la Zone résidentielle ; les Anciennes Cités ; les Nouvelle Cités ; les Cités Planifiées ; les Extensions Sud et les Excentriques.

Mais il faut faire remarquer que Kinshasa compte administrativement 24 zones ou communes définies par l'arrêté 69-0042 du Ministère de l'Intérieur en date du 23 janvier 1969. De ces zones (administratives), 21 forment un seul bloc unifié à caractère d'agglomération urbaine alors que les autres (Mont-Ngafula au Sud, N'sele et Maluku à l'Est) sont un peu distantes du centre. Aussi, une commune (zone administrative) peut être, sur le plan morphologique, répartie ou étendue en plusieurs zones d'habitat. De même une zone d'habitat peut prendre plus d'une commune urbaine.

1.2.1. La Zone Résidentielle

❖ **NGALIEMA**

C'est dans la baie de Ngaliema qu'à l'origine, la ville

---

[35] DUCREUX, Maurice, *Croissance démographique, croissance urbaine de Kinshasa*, Le Caire, Edition et publication des Pères Jésuites, 1970, p.12

s'implanta. A l'époque, c'est une petite cité provinciale aux habitations vieillottes. Peu après le site connaîtra quelques installations industrielles sur le bord du fleuve. De 1950 à nos jours, les espaces favorisés, sur les hauteurs de la route de Matadi, ont été lotis et occupés par des villas de haut standing. Sur la terrasse du Mont-Ngaliema, aux abords du Ministère de la Défense sera créée en 1967 la Cité de l'O.U.A. On verra en bordure de la route de Matadi deux cités et des zones d'extension s'édifier : Binza-Ozone, Binza-Police et plus au Sud la Cité de Badiandingi.

❖ GOMBE

Cette zone s'est déplacée le long du fleuve d'Ouest à l'Est. Elle comprend une partie gouvernementale et administrative, une zone résidentielle, un centre des affaires, la gare (la Gare Centrale), le port et une zone industrielle se prolongeant vers Limete. Ponctué de buildings, le centre des affaires est traversé par le Boulevard du 30 Juin.

❖ LIMETE

Avant l'indépendance, cette zone était réservée aux Européens. Mais depuis lors les classes dirigeantes de la société congolaise, des commerçants et tant d'autres personnes y ont établi leur demeure. Le boulevard Lumumba sépare la zone en deux principaux quartiers : d'une part le quartier industriel, à l'Est, occupant de vastes terrains et d'autre part le quartier résidentiel situé en retrait du grand axe routier. Dans sa partie Sud, on rencontre un ensemble d'habitations de l'Office National du Logement (O.N.L), et l'Echangeur.

1.2.2. Les Anciennes Cités

Dans le temps, l'implantation de ces cités suivait l'expansion de la ville vers l'Est. Kintambo, la plus ancienne d'elles, se trouvait séparée des autres : Lingwala alors Saint-Jean, Kinshasa et Barumbu qui formaient une agglomération compacte en arrière de Gombe. Mais au cours des années, la situation a changé avec des constructions sur des parcelles aux formes régulières, le long d'axes rectilignes.

A l'origine, ces Anciennes cités ont été conçues pour abriter la main d'œuvre urbaine. Mais aujourd'hui, elles constituent de grands ensembles complexes où l'habitat est souvent médiocre, les infrastructures de voirie et d'assainissement plus que rudimentaires.

1.2.3. Les Nouvelles Cités

Entre 1945 et 1955, trois nouveaux lotissements ont été créés pour dégager les Anciennes Cités : Kasa-Vubu alors Dendale, Ngiri-Ngiri et Kalamu. Une large zone libre séparait les Anciennes de Nouvelles Cités. Dans l'ensemble, l'habitat était en moyenne d'une qualité supérieure à celle des Anciennes Cités ; les constructions en bordure des voies principales s'élevaient sur deux ou trois niveaux pour servir de commerces, d'hôtels... Ces lotissements ont été aménagés par des travaux d'infrastructure : adduction d'eau, électricité, système sommaire d'assainissement. Ces réseaux ont aujourd'hui subi de très fortes dégradations pour la plupart.

1.2.4. Les Cités Planifiées

Dès mars 1952, on substituait à l'initiative individuelle ou à la multiplicité des organismes de construction un office unique « l'Office de Cités Africaines » (O.C.A) qui deviendrait, depuis l'indépendance, l'Office National de Lotissement (ONL). Cet office avait pour mission l'acquisition des terrains, leur mise en valeur, la construction et la gestion des immeubles. Cela se traduisit immédiatement à partir de 1955 par la construction des cités planifiées à travers les nouveaux ensembles : Kalamu, Kintambo (Camp Babylone), N'djili, Bandalungwa, Lemba et Matete avec de petits équipements collectifs et des constructions en bande pour les trois derniers. La partie ancienne de la zone de N'djili, ayant aussi fait l'objet d'un plan d'aménagement, n'a pas été édifiée par un office unique.

En somme, une part considérable de ces logements revenait au personnel de la fonction publique, et l'occupant pouvait en devenir propriétaire. L'équipement collectif y était autrefois de très bonne qualité. Mais aujourd'hui, il est plus que détérioré.

1.2.5. La Zone d'Extensions Sud

C'est depuis l'indépendance que Kinshasa vit un phénomène remarquable d'extension spontanée, car jusqu'en 1959 les limites de l'urbanisation étaient sévèrement contrôlées. Mais dès 1960, les frontières urbaines n'ont pu résister aux pressions internes du surpeuplement des quartiers existants et de l'apport extérieur de populations nouvelles. Ce phénomène a été parfois désigné sous le nom de « squatting » ou le terme de « Zone d'Auto-Construction » (Z.A.C).

En effet, les espaces libres ont été distribués par les chefs de terre traditionnels ou par des personnes qui se sont déclarées telles, sans référence à une mesure administrative ou à une planification. L'administration publique a plus ou moins encouragé le fait en accordant aux occupants parcellaires un titre d'occupation précaire : « le livret de logeur ». C'est ainsi que se sont formées les zones de Selembao, Bumbu, Makala, Ngaba et les extensions de Mombele et de Foncobel dans les zones de Limete et de Kalamu.

L'extension de la ville de plus en plus vers le Sud a gagné les pentes qui limitaient la plaine alluvionnaire de la capitale. Les espaces situés dans le prolongement immédiat des parties urbanisées offrent ordinairement des superficies aménageables quoiqu'un vaste réseau hydrographique y provoque des coupures et que le drainage soit souvent insuffisant.

Toutefois plus au Sud, les dénivellations du sol entraînent, en de nombreux quartiers, des érosions qui mettent en danger l'habitat. Ces zones ne sont pas des bidonvilles même si elles sont démunies d'infrastructure (revêtement des voies, réseau d'assainissement…). En outre, le système de quadrillage du sol en îlots et parcelles régulières a été spontanément respecté ; hormis quelques cas de prolongement en banlieues anarchiques de quartiers existants, on remarque que leur tracé reproduit, tant que faire se peut, des exemples d'urbanisation volontaire propre à la ville de Kinshasa.[36]

---

[36] D.T.P.A.T et B.E.A.U, *Ibidem*

Les ravins du quartier Mabulu II à Makala

1.2.6. Les Zones Excentriques

Les extensions Sud n'ont pu retenir l'urbanisation spontanée à gagner d'autres espaces. La commune de N'djili a donné naissance à l'Est et au Sud aux extensions importantes : les communes de Kimbanseke et de Masina. La commune de Matete et l'Université de Kinshasa ont engendré le lotissement de Kisenso. La route de Matadi a elle aussi connu en trois points le développement de nouvelles extensions : Binza-Ozone, Binza-Police et Badiandingi (cf. supra). La zone de Gombe, enfin a entraîné le développement de Kingabwa.

Ici le système de lotissement demeure quasi identique que dans la Zone d'Extensions Sud. A part les extensions de la route de Matadi, l'habitat y est en général plus rudimentaire. « L'amélioration de l'habitat est un facteur important de l'urbanisation. Mais une ville n'est pas un certain nombre de maisons juxtaposées. Une ville suppose un site urbain assaini et aménagé, des infrastructures établies ».[37] Et l'analyse du processus d'urbanisation de Kinshasa donne beaucoup de leçons à tirer dans le cadre du développement urbain.

Premièrement le phénomène urbain de Kinshasa exprime une certaine appropriation de l'usage de l'espace par les habitants. Cette appropriation se fait en dehors de toutes les contraintes ressenties. Indubitable et à l'insu de chacun, elle s'est révélée un acte naturel c'est-à-dire dérivé de la nature des comportements sociaux pratiques. On se souviendra que « chaque ville africaine est fonction de la pratique populaire urbaine, des institutions et même de la politique et que les projets d'urbanisation doivent à tout prix prendre tout cela en considération ».[38]

Deuxièmement quant à sa croissance, « une telle poussée urbaine qui naturellement n'a pas pu être

---

[37] DENIS, Jacques, *Le problème urbain en Afrique Centrale*, Bruxelles, A.R.S.C, 1958, p. 323

[38] LELO NZUZI, Francis, *Urbanisation et aménagement en Afrique Noire*, Paris, CDU et SEDES, 1989, p. 37

accompagnée des équipements nécessaires (viabilité, eau, assainissement, …) montre la taille des problèmes auxquels doit s'attaquer un plan d'aménagement pour intégrer le présent et orienter l'avenir ».[39]

Troisièmement les conditions physiques et climatiques propres à Kinshasa sont aussi des facteurs non moins considérables pour toute étude de la ville. Kinshasa jouit d'un climat tropical chaud et humide et d'une alternance de deux saisons (l'une pluvieuse et l'autre sèche), avec une moyenne des températures oscillant entre 21°C et 28°C pendant la saison sèche et 30°C pendant la saison de pluie. La saison de pluie (environ 9 mois) est plus longue que la saison sèche (3 mois) et donne à la ville une moyenne 1345 mm d'eau des pluies par an.

§ 2. L'AMENAGEMENT URBAIN DE KINSHASA

Avant l'indépendance, le Gouverneur Général, en vertu de certaines dispositions juridiques, déterminait par ordonnance les périmètres des villes et les localités à aménager.[40] Mais l'accroissement de la ville de Kinshasa depuis 1945 et le développement économique du pays ont amené la création d'un service de planification qui en 1950 a élaboré un plan d'aménagement. C'est le Plan Van Malleghen de 1950. Initialement il concernait l'érection de nouvelles cités de Ngiri-Ngiri et de Kasa-Vubu. Ce plan orientait l'extension de l'agglomération vers le Sud-Est et décida l'emplacement d'un nouvel aéroport extérieur à la ville (N'djili). Il proposa, en outre, la création des trois cités

---

[39] DUCREUX, Maurice, *op.cit.*, p. 13

[40] MUYER OYONG, Nicodème, *Aménagement du territoire et développement Notes de cours L1 STD*, Kinshasa, F.C.K, inédit.

« satellites » en relation avec le développement industriel : N'djili, Matete et Lemba.

Après l'indépendance, avec l'éclatement des limites de la ville par l'afflux spontané et massif de la population immigrante ainsi que l'occupation incohérente des espaces non aedificandi, il fallait impérativement, par le concours du B.E.A.U, aménager le nouveau cadre de la ville. Parmi les plans que ce service d'urbanisme a pu élaborer, sous le haut patronage de l'Etat, pour l'aménagement de Kinshasa, trois occupent une importance capitale :

- Le Plan Régional de Kinshasa ;
- Le Plan Local d'Aménagement de Kinshasa ;
- Le Schéma Directeur d'Aménagement et d'Urbanisme de Kinshasa

Ces schémas ont semblé plus complémentaires que concurrents puisqu'au moment où chacun d'eux devait être appliqué, le contexte d'urbanisation changeait déjà sur le terrain.

2.1. Le Plan Régional d'Aménagement de Kinshasa

Devant la situation de fait due à l'occupation massive de la plus grande partie de la plaine alluviale de Kinshasa, le Schéma Régional Directeur (cf. la carte V) ou le Plan Régional d'Aménagement de Kinshasa selon la législation du Zaïre (à l'époque) se proposait d'orienter le développement de la région en se fixant les objectifs suivants :

- La reprise en main immédiate ou à court terme du site occupé ainsi que des réalisations antérieures en structurant la ville et les quartiers afin d'assurer un bon fonctionnement et une occupation plus dense de l'espace ;
- L'arrêt de l'urbanisation spontanée au pied des collines ;

– La définition des limites d'extension ultérieures de la ville vers l'Est, sur les terrasses alluviales sous formes de cités satellites.

Cette structuration urbaine s'appuyait sur :

– La création d'un « centre-ville » et de pôles relais :

– La réalisation d'équipements d'infrastructure et de superstructure nécessaires au bon fonctionnement de la ville ;

– L'intégration dans le tissu urbain de secteurs d'activités.

Les principaux traits de ce plan sont :

1° Les Perspectives de Développement Urbain

La plaine de Kinshasa était saturée par la ville ancienne et les zones d'habitat spontané, le plan définit pour une longue échéance les possibilités d'extension de l'agglomération à l'Est du cirque, large de près de 10km, abordant le Pool Malebo.

2° Le Schéma de Circulation

Ce schéma est arrêté et adapté à cette orientation de la ville. Il était donc prévu une liaison rapide Est-Ouest, à caractère régional, qui devrait desservir en relation Kinshasa, le Chapelet Est de noyaux urbains à créer ainsi que le site de Kimpoko au bord du Fleuve.

3° Le projet de réalisation d'un grand pont sur le fleuve

La réalisation du pont Kinshasa-Brazzaville, d'après les experts, entraînerait automatiquement l'installation d'établissements à caractère divers. Le plan prévoyait les réserves foncières nécessaires pour ne pas mettre en péril les chances de développement économique, administratif et touristique de la zone « tête de pont ».

4° Les Zones agricoles

La ville étant un pôle d'attraction pour la population rurale, le potentiel de main d'œuvre dépassant le nombre d'emplois disponibles était le pire à craindre. Aussi, l'idée était-elle née de créer des emplois dans des spéculations agricoles à fort coefficient d'emploi. Fort heureusement, l'étude régionale confirma la vocation agricole de vastes espaces situés aux abords de la ville : les marais du Pool où 15.000 ha pouvaient être cultivés et la vallée de la N'djili.[41]

Avec l'absence des résultats des analyses socio-démographiques de Kinshasa (menées par l'Office National de Recherche et de développement) qui n'ont été publiés qu'en 1969, les rythmes et les mécanismes de la croissance urbaine n'ont pu être fixés et retenus dans la stratégie du développement de la ville. Le Plan Régional de 1967 (le Plan Arsac) s'est donc limité seulement à définir une forme urbaine et des principes de fonctionnement.

Contrairement au Plan Van Malleghen de 1950, le Plan Régional de Kinshasa n'a pu guère bénéficier d'actions visibles sur le terrain. Ses prévisions, ayant tablé en 1967 sur une ville millionnaire en 1970 et sur un cadre bâti de 12.000 hectares, ont été rapidement dépassées par la question de l'urbanisation spontanée ; ce plan est donc resté lettre morte, avec pour simple rôle de document indicatif, devant orienter la nouvelle morphologie de la ville avec son nouveau mode de fonctionnement ; pourtant, ce document

---

[41] MISSIONS FRANCAISES D'URBANISME, *Kinshasa 1967*, Kinshasa, M.F.U, 1967, 21 p.

avait été élaboré dans la période où le pays connaissait son boom économique, grâce à la hausse du prix du cuivre sur le marché international. Il faut, cependant, reconnaître le mérite qui revient à ce plan, à savoir le passage de la ville de Kinshasa de 11 à 24 communes grâce aux multiples ordonnances présidentielles signées au cours de l'année 1968.[42]

2.2. Le Plan Local d'Aménagement de Kinshasa

Le Plan Directeur de Kinshasa ou le Plan Local d'Aménagement de la ville de Kinshasa (cf. la carte VI) selon la législation de l'époque reprenait, en les précisant, les grandes options et directives arrêtées par le Plan Régional qui avait été approuvé par l'ordonnance n° 04 du 3 janvier 1968.

Le Plan Local d'Aménagement couvre une surface de près de 80 km^2. Au Nord, il est délimité par le Fleuve Congo ; à l'Est par une ligne Nord-Sud passant à 1km environ de l'agglomération de N'djili : au Sud par une ligne Est-Ouest passant au droit du Mont-Ngafula et à l'Ouest par une ligne Nord-Sud passant au droit de Kasangulu et Gombe.

Ce plan est l'étape indispensable à l'élaboration des études de détails car il permet de définir : les réserves foncières, les zones d'études différées, les zones à planter ou à reboiser, les sites à protéger, les servitudes techniques, les limites d'urbanisation. En matière de circulation, habitat et activités, il propose :

---

[42] On lira avec intérêt ***l'Histoire urbaine de Kinshasa*** sur ce site : https://fr.wikipedia.org/wiki/Histoire_urbaine_de_Kinshasa#Plan_regional_de_1967 consulté le 05/07/2019.

1° La circulation

L'ensemble du réseau nécessitait une réorganisation totale. L'évidence de ses déficiences rendait facile la recherche de solutions. Le plan local reprenait et hiérarchisait l'ensemble du système en prévoyant :

- Une rocade périphérique à grand débit et à circulation rapide, raccordée aux liaisons suburbaines, devant irriguer l'ensemble de la ville ;
- Un réseau primaire de pénétrations, connecté au périphérique pour rendre l'accès de la ville aisé et facile à n'importe quel point de la capitale ;
- Un maillage inter quartiers qui doit supporter un trafic de transit entre les différentes zones d'habitat ;
- Un ensemble de circulations piétonnières devant raccorder les équipements et centres des quartiers, les axes commerciaux et l'artisanat, et croiser sans épouser les tracés de la circulation automobile ;
- Un réseau ferroviaire pour voyageur et industries.

2° L'habitat

Définies d'après les critères des densités, quatre grandes zones d'habitat s'inscrivent dans le plan : une zone à forte densité, une zone à moyenne densité, une zone à faible densité et une zone résidentielle.[43]

❖ **La zone d'habitat à forte densité** : cette zone s'étend autour du centre-ville et comporte les communes de Lingwala (ex Saint-Jean), Kinshasa, Kasa-Vubu (ex Dendale), Kalamu, certaines

---

[43] ARSAC, Auguste, Plan local d'aménagement de Kinshasa, Rapport justificatif, Kinshasa, Mission Française d'Etudes d'urbanisme, 1967, 91 p.

parties de Gombe ainsi que l'actuel Camp Kokolo. Elle bénéficie d'une position privilégiée face aux secteurs d'emploi car elle est en contact direct avec la zone industrielle Ouest, le centre d'affaires au Nord, la zone portuaire au Nord-Est et la Zone industrielle de Limete à l'Est. Dans ses limites s'implantent de nombreux équipements lourds.

❖ **La zone d'habitat à moyenne densité** : elle est composée essentiellement de Zones d'Auto-Constructions aménagées et équipées. Elle comprend donc les cités dites :

- Anciennes : Kintambo ;
- Nouvelles : Ngiri-Ngiri ;
- Planifiées : Bandalungwa, Yolo, Kalamu et le centre de N'djili ;
- Z.A.C : Foncobel, Yolo, une partie de Limete, Profrigo.
- Résidentielles : une partie de Limete et de Ngaliema ;
- Projetées : Synkin, Ngaliema, Limete Sud.

En 1967, cette zone abritait dans son ensemble une population évaluée par le Ministère de l'Intérieur à 1.652 habitants. Au moment de l'élaboration du Plan Local d'Aménagement de Kinshasa, la croissance démographique et urbaine devenait davantage plus importante car Kinshasa venait de franchir le cap des villes millionnaires.

❖ **La zone d'habitat à faible densité :** au Nord elle est bornée par la voie périphérique Est-Ouest, au Sud par la limite urbanisable (ligne haute tensions). Cette Zone comprend : les Cités

Planifiées (Matete et Lemba), les Z.A.C intégrées (Ngaba, Makala et Selembao), les zones d'extension de N'djili, …

Au regard du rythme actuel de la croissance démographique et urbaine à Kinshasa, la densité est loin d'être faible dans cette zone d'habitat car les Z.A.C intégrées seules présentaient en 1984 une densité d'environ 48.174 habitants par km².

- **La zone résidentielle** : elle correspond aux Communes de Ngaliema et de Gombe. Celle-ci, localisée à l'Ouest de l'actuelle Commune, se développe depuis le cours d'eau de la Gombe jusqu'à la zone d'affaires. Celle-là, située à l'Ouest de l'agglomération, s'étend depuis les rives du Fleuve Congo jusqu'au centre Récepteur de Radio.

3° Les activités

Vu la nécessité et l'urgence de contrôler le développement des zones industrielles et portuaires, l'extension continue du port vers l'Ouest se révéla être un facteur négatif. De ce fait, le Plan Local fixa ses limites, précisa la nécessité des études particulières et y prévit un ensemble de centres d'activités artisanales et micro-industrielles.

2.3. Le Schéma Directeur d'Aménagement et d'Urbanisme de Kinshasa (SDAU)

L'ampleur du développement urbain au Congo a poussé le Département des Travaux Publics et de l'Aménagement du Territoire (DTPAT) à élaborer le SDAU (cf. la carte VII) de la région de Kinshasa devant fixer les orientations fondamentales de l'aménagement de la ville. En effet, huit ans après sa publication, le Plan Régional de 1967 était devenu en partie inapplicable car le développement général de la ville avait largement dépassé les bornes spatiales fixées jadis par ce document. La reprise en main du site occupé était très difficile à réaliser.[44]

A travers cette occupation de l'espace, l'évolution urbaine s'était traduite par la fixation d'éléments d'organisation urbaine à intégrer dans la définition de l'ossature générale de l'agglomération.

Les lourdes tendances liées à la vitesse acquise de croissance de Kinshasa permettent de procéder à certaines extrapolations pour le moyen terme. Cette projection dans l'avenir permettait de mesurer les risques de déséquilibre croissant entre le développement de Kinshasa et celui d'autres régions. Dès lors, l'urbanisation de Kinshasa est perçue comme la conséquence d'un processus général d'évolution socio-économique, certes dynamique mais non contrôlée. L'étude du SDAU s'est révélée donc une occasion privilégiée pour soulever cette problématique. Elle a été menée à partir des objectifs prioritaires définis par le Président de la République :

- limitation de la croissance urbaine ;
- création des zones équipées pour l'habitat et le développement corrélatif des emplois ;
- développement et adaptation d'un système adéquat de transport en commun à grande capacité.

---

[44] D.T.P.A.T et B.E.A.U, *Kinshasa : Schéma Directeur d'Aménagement et d'Urbanisme*, Kinshasa, B.E.A.U, 1967, 45p.

Ainsi, deux politiques d'aménagement simultanées ont été proposées : la structuration de la ville actuelle (ville ancienne) et l'engagement de la ville Est (ville nouvelle).

1° L'aire d'étude

Elle est limitée au site urbanistique qui comprend l'espace urbanisé actuel et ses extensions directes et qui s'étend d'Ouest et Est sur une distance de l'ordre de 75km. On trouve dans ce site : la plaine alluviale de Kinshasa, les terrasses alluviales à l'Est, depuis l'aéroport de N'djili jusqu'au domaine de la N'sele et les sites collinaires en prolongement de la plaine et des terrasses alluviale, sur une profondeur moyenne de quelques dizaines de km ainsi que la frange collinaire du Plateau de Bateke au Nord-Est jusqu'au site Maluku.

Le périmètre d'étude ainsi tracé s'appuyait généralement sur des limites physiques telles que les lignes de partage des eaux ou les ruptures physiques importantes.

2° Les dispositions générales

Les options fondamentales du SDAU s'inscrivent aux objectifs définis par le Président de la République (cf. supra) auxquels sont liées ces dispositions générales :

- La mise en valeur de la basse plaine alluviale du Pool sur base de ses potentialités ;
- La mise en valeur de la zone suburbaine pour l'agriculture, l'élevage et le maraîchage.

La structuration de la ville-Ouest (ville actuelle) devrait parallèlement s'engager au développement de la ville-Est dont les principes étaient de :

- Développer un habitat basé surtout sur l'auto-construction, complété et structuré par des opérations de construction immobilière le long des axes principaux et au bord des zones d'équipements de façon à rendre optimale l'utilisation des terrains ;

- Installer des équipements d'infrastructure à la mesure d'un habitat à caractère économique mais à la dimension du développement de ville-Est ;

- Lier au développement de l'habitat l'implantation des équipements de superstructures afin de limiter la dépendance de la ville-Est face à l'actuelle ville ;

- Equilibrer le développement de l'habitat et des zones d'emplois afin de créer une réduction du déficit en emploi dans les zones périphériques et à la ville en les dotant d'une certaine autonomie ;

- Relier la ville-Est à l'ensemble de l'agglomération en la pourvoyant d'un axe de transfert privilégié.

2.4. Quelques observations sur la politique d'aménagement de Kinshasa

Il importe de faire remarquer de prime abord le caractère singulier du site de Kinshasa : très vaste et situé en bordure du Pool. Toutefois, au regard de la nature des espaces et des effets d'implantations humaines, on se heurte à deux grands problèmes : la qualité des sols et l'immensité de la ville.[45]

En effet le sol alluvionnaire de Kinshasa, irrigué par le chevelu hydrographique complexe est fragile surtout pour les constructions d'habitat. Dès que s'amorce une pente, grands sont les risques d'érosion que l'on court davantage avec une faible végétation, une poussée considérable de

[45] DUCREUX, Maurice, *Idem*, p. 24

l'habitation et des infrastructures quasi inexistantes. Dans certains quartiers périphériques et zones de squatting la saison des pluies entraîne parfois des érosions torrentielles catastrophiques. L'éboulement de la route d'UPN (Université Pédagogique Nationale) aux environs du quartier Badiandingi en est une récente illustration.

Par ailleurs, dans certaines extensions comme Kisenso, Selembao… nombre de maisons ont disparu et des quartiers entiers séparés. Le plan d'aménagement devrait prendre en considération tous ces phénomènes tout en étudiant les effets de différents besoins de la capitale.

L'expansion prévisible de Kinshasa, hier et aujourd'hui, implique, au regard de la nature des lieux que soit défini un cadre urbanisable et soient tracées les limites au-delà desquelles toute implantation serait considérée dangereuse. Avec la pression démographique actuelle, il serait impérieux de définir les lieux où l'urbanisation est possible mais en veillant que celle-ci ne soit pas le débordement d'un trop plein sur la périphérie immédiate. D'où la nécessité de définir à l'intérieur de ce qui existe les points destinés aux opérations structurantes et de préparer de nouveaux lieux d'accueil à l'extérieur de la partie déjà agglomérée.

Il convient, en outre, de faire remarquer que « la taille des villes et les schémas d'implantation urbaine ne sont pas le fruit d'une action délibérée. C'est le système économique qui les détermine ».[46] Et en RD Congo, l'organisation du réseau urbain particulièrement de Kinshasa est tributaire du type d'économie légué par la colonisation, une économie de marché créant de larges inégalités sociales et concentrant la

---

[46] HAMER, Andrew, *Les schémas d'urbanisation dans le Tiers-Monde*, dans *Finances et Développement*, vol 22, n° 1 mars 1985, pp. 39-42

plupart des revenus en quelques centres privilégiés.[47]

Le développement particulier de Kinshasa ne pouvait donc se réaliser sans engendrer l'exode rural. Si le développement urbain de Kinshasa semble être étroitement lié à l'expansion de l'activité économique, il n'obéit pourtant pas à la règle selon laquelle les économies à croissance rapide s'urbanisent plus vite que celles à croissance lente. Il suit plutôt la loi selon laquelle la croissance a des effets rapides sur l'urbanisation lorsque le revenu per capita est comparativement faible. L'occupation anarchique des terrains qu'il a engendrée dans un contexte de pauvreté et de précarité a favorisé l'éclosion des quartiers spontanés autrement dits des cités non planifiées : les Extensions Sud (Makala, Bumbu, Ngaba et Selembao) et les Zones Excentriques (Kisenso, Kimbanseke et Masina).

Dans le cadre du présent travail, il importe de faire une analyse territoriale de la Zone d'Extensions Sud dans son ensemble.

§ 3. LE DIAGNOSTIC TERRITORIAL DE LA ZONE D'EXTENSIONS SUD

Le caractère cosmopolite de la capitale congolaise est un élément non négligeable dans le manque d'homogénéité que présentent ses zones d'habitat. Même les cités dites les « Extensions Sud » présentent également une certaine hétérogénéité évidente quant à leurs formes d'habitat, leurs types d'infrastructures, la nature de leurs sites, etc. Toutefois, c'est à travers leurs caractéristiques communes que l'on peut les décrire sans complétement passer outre les particularités des unes et des autres. Elles tirent leur genèse

[47] DE SAINT MOULIN, Léon, *Op. Cit.*, pp. 583-594

de Zones d'Auto-Construction.

Aussi, cette description passe-t-elle par la naissance du phénomène des Zones d'Auto-Construction, leur évolution et leur organisation urbaine, pour mettre en exergue les traits caractéristiques des cités d'Extensions Sud, leur cartographie et leurs défis environnementaux.

3.1. La genèse des Zones d'Auto-Construction (Z.A.C)

Le phénomène de « squatting » à Kinshasa est relativement ancien. Le terme « squatting » vient du verbe anglais « to squat » qui signifie « occuper illégalement ou anarchiquement ». Pour d'aucuns, il paraît chargé d'un sens de réprobation voire même péjoratif. Nous pouvons donc le remplacer, selon l'expression d'Auguste Arsac, par la formule « Z.A.C » à laquelle il s'applique bien dans le cas de la ville de Kinshasa.

De la période coloniale jusqu'en 1960, à l'indépendance de la RD Congo, Kinshasa reflétait encore la beauté d'organisation spatiale d'une ville planifiée moderne, avec des artères harmonieusement tracées, des quartiers bien aménagés pour des riches et pauvres, des systèmes d'assainissement, des espaces verts, etc. qui offrait à la population des conditions de vie décentes[48]. Sans être nostalgique du passé colonial, le phénomène de l'habitat spontané a véritablement pris l'ampleur après l'accession du pays à l'indépendance. Mais déjà dès 1959, on assista à des occupations anarchiques à la périphérie de N'djili. Le phénomène fera boule de neige à partir des années 60 avec la suppression de certaines

---

[48] Cf. ***l'Histoire urbaine de Kinshasa*** sur ce site : https://fr.wikipedia.org/wiki/Histoire_urbaine_de_Kinshasa#Les_cites_de_l'extension_sud consulté le 08/07/2019

contraintes administratives imposées jadis par l'urbanisme colonial en matière de lotissement. C'est ce qui a permis aux populations des zones rurales d'affluer massivement vers la ville et même poussé les citadins eux-mêmes à déménager du centre de la ville pour s'installer à la périphérie en quête de plus d'espace (cf. la carte I).

Les besoins de plus croissant en logement justifient ainsi la naissance des Z.A.C ; celles-ci sont à la base de la croissance urbaine rapide de Kinshasa. En effet, la ville en 1961 passe de 400.000 à 1.200.000 habitants en 1975. Sa croissance spatiale atteindra 1.000 ha par an. Cette extension s'est faite certes dans l'anarchie mais non dans le désordre total car les détenteurs de terre (les chefs coutumiers) « parcellisaient » suivant le tracé élaboré par l'administration. Pour les marchandises, les écoles, les églises, etc., certains espaces ont même été réservés. On remarquera ainsi, à quelques exceptions près, le tracé de ces Z.A.C reproduire dans la mesure du possible le plan en échiquier hérité de l'urbanisme colonial. C'est le cas à titre illustratif des communes de Makala, Ngaba, Selembao et Bumbu formant dans leur ensemble les extensions Sud (cf. la carte IV). Elles ont eu le mérite d'avoir accueilli dans les années qui ont suivi l'indépendance des nouveaux arrivants sans trouble ni conflits politiques supplémentaires.

Avec le « livret de logeur » comme titre d'occupation décerné par l'administration, ces nouveaux citadins commençaient par construire un hangar avec comme matériaux les tôles ondulées ; ce hangar ferait plus tard place à une petite maison en parpaings de ciment. Celle-ci s'agrandirait à la mesure des disponibilités financières du nouvel occupant. La naissance des Z.A.C a ainsi conduit à une autre forme d'organisation urbaine.

3.2. L'évolution et l'organisation urbaines des Z.A.C

Aujourd'hui, bientôt six décennies après l'indépendance, les Z.A.C paraissent saturées avec la croissance démographique spectaculaire de Kinshasa.

Le besoin de trouver un logement est maintenant la principale motivation d'occupation anarchique. Plusieurs facteurs l'expliquent notamment le coût du loyer et de la garantie locative fort élevé, l'insolence des bailleurs méprisant les locataires, la taille de la famille (le nombre grandissant des enfants devenant grands), etc. Tout cela pousse les Kinois à vouloir devenir coûte que coûte propriétaires. En quête des espaces à lotir, ces derniers s'installent n'importe où sans tenir compte de la valeur écologique du terrain.

L'occupation des sols avait commencé vers la fin du temps colonial (entre 1950 et 1958), loin du cadre juridique défini par la loi n°073-021 du 20 juillet 1973, telle que modifiée et complétée par la loi du 18 juillet 1980, consacrant le principe d'appartenance des terres à l'Etat congolais. C'est ce cadre juridique qui remettra de l'ordre dans la gestion du statut foncier des Z.A.C avec des normes du service cadastral.

Le gros problème qui se pose dans les Z.A.C est qu'elles ne sont pas du tout raccordées au réseau de tout à l'égout ; elles sont partiellement raccordées au réseau d'électricité et d'eau et sont souvent situées dans les espaces déclarés « non aedificandi ». Les pouvoirs publics ne disposant guère de moyens financiers importants pour répondre au besoin de logement de nouveaux arrivants, ont laissé la population occuper anarchiquement même des espaces considérés impropres à la construction (avec l'appui des chefs coutumiers et le soutien des chefs de partis politiques originaires du Bas-Congo et de Bandundu cherchant à protéger leur électorat).

Déjà vers la fin de l'époque coloniale, la ségrégation de l'espace et de l'habitat avait provoqué une pénurie tant quantitative que qualitative du logement dans la capitale congolaise. « C'est à cause de cette crise que beaucoup de locataires et nouveaux migrants, soutenus par des politiciens congolais, avaient défié à l'époque l'autorité coloniale en 1959 pour lancer un vaste mouvement de désobéissance civile en lotissant eux-mêmes des nouveaux quartiers dans des zones déclarées jadis de *non aedificandi.* Appelée « opération sala ngolo zaku » [« Débrouillez-vous »] par les politiciens, les Kinois se sont attribué, sans autorisation de bâtir, plusieurs centaines de lopins de terre pour y construire leurs logements »[49]. C'est à cette époque que sont nées les communes de Makala et de Ngaba.

Il a fallu alors remédier au problème en présentant quelques possibilités de réaménagement. Toutefois pour d'autres quartiers de ces zones, il n'y a pas de demi-mesure ; ils devraient être abandonnés et déclarés « Zones d'Auto-Démolition » (Z.A.D). Le passage de « Z.A.C » aux « Z.A.D » ne réussit que très difficilement car la population citadine ne se montre pas souvent coopérative aux restrictions administratives en matière de lotissement. Aussi, les démolitions ont souvent été considérées comme des mesures impopulaires.

Le phénomène de constructions anarchiques a pris une autre allure ces dernières années. Il n'est plus à rattacher

---

[49] LELO NZUZI, Francis, *Les bidonvilles de Kinshasa,* Paris, L'Harmattan, 2018, p. 96

uniquement à telle ou telle zone d'habitat spontané. On le remarque partout. Les espaces ludiques, les espaces verts, les zones maraîchères et même les cimetières sont en tout temps menacés de lotissement. Certaines habitations sont construites à quelques mètres des cours d'eau, d'autres sur le bord des fossés d'effondrement engendrés par l'érosion... La plupart de ces habitations sont souvent en matériaux de récupération et dépourvues de réseaux d'équipements collectifs.

Même si les constructions anarchiques sont devenues à Kinshasa une pratique généralisée, les zones dites les « Extensions Sud » quant à elles présentent quelques traits caractéristiques communs.

3.3. La Zone d'Extensions Sud : « une urbanisation sans directives ni moyens »[50]

A l'instar de beaucoup de Z.A.C, les Cités d'Extensions Sud présentent dans leur ensemble une morphologie urbaine marquée par « une extension permanente de l'espace occupé par des constructions sommaires, précaires, jamais autorisées, toujours inachevées »[51], extension progressant au rythme de la croissance démographique et surtout migratoire.

---

[50] Cette expression est de : DE MAXIMY, René, *Kinshasa, ville en suspens. Dynamique de la croissance et problèmes d'urbanisme : étude socio-politique*, Paris, Ed, de l'O.R.S.T.O.M, 1984, p. 169
Cette *urbanisation sans directives et sans moyen* demeure aussi une *urbanisation soumise aux exigences d'une classe de nantis.* Pour De Maximy, « seuls ont bénéficié d'investissements les points de la ville qui motivaient l'attention la plus suivie des autorités responsables ».

[51] DE MAXIMY, René, *Ibidem*

1° Aperçu socio-démographique

Un aperçu démographique laisse entrevoir quelques phénomènes sociaux :

– **L'afflux spontané et massif de la population immigrante** : jadis classées dans la catégorie des zones d'habitat à moyenne densité, les Z.A.C ont tendance à devenir aujourd'hui des zones d'habitat à forte densité, avec toutes les pressions qu'elles peuvent exercer sur l'écosystème urbain ;

– **L'occupation illégale du terrain** : comme toutes les Z.A.C, les Extensions Sud ne relevaient pas de l'autorité de la ville, jusqu'à une date récente. La prise d'occupation du terrain n'était astreinte qu'à l'achat, d'ailleurs illégal, de la parcelle soit auprès du chef coutumier, du chef du quartier, du commissaire de zone (bourgmestre), soit auprès d'un géomètre, même des autorités de l'hôtel de ville, etc. L'occupation du sol semble ici précéder la loi foncière !

2° Habitat et statut foncier

Il importe de mentionner ici :

– **La faible valeur du site** : l'occupation du sol s'est très souvent réalisée à l'encontre des principes topographiques. Certaines zones d'Extensions sont bâties sur des terrains où l'érosion, le sable, la rivière, le marécage constituent pour la population une menace permanente et occasionnent souvent les pertes des investissements immobiliers privés : maisons à peine achevées ou en cours de construction, … c'est le cas de Makala et de Selembao menacés par l'érosion ;

– **La qualité inférieure de l'habitat** (la précarité de l'état de l'habitat) : au lendemain de l'indépendance, la qualité de l'habitat des zones anarchiques laissait à désirer.

En effet beaucoup de maisons encore en construction étaient provisoirement bâties en matériaux légers : bois, briques adobes, tôles, etc… Aujourd'hui, bien que certaines habitations gardent encore la forme d'habitat traditionnelle, on y observe quand même quelques efforts de réhabilitation et de modernisation de l'habitat dans ces zones.

3° Assainissement

- **L'insuffisance du réseau d'équipement collectif** : bâties dans un contexte d'illégalité par rapport aux projets des pouvoirs publics, ces zones, si elles ne sont pas entièrement pourvues d'équipements publics ou privés tels que les réseaux de distribution d'eau, d'électricité, de voirie…, elles sont alors presque toutes dépourvues de réseau d'assainissement. Dans certaines zones, la voirie a même été parfois occupée par des habitations.

Ces traits de l'organisation urbaine due au phénomène d'occupation anarchique des espaces ont exercé des pressions incontestables sur l'environnement urbain.

Tableau I : Populations et densités des communes de la Zone d'Extensions Sud

Communes de la Z.E.S	Superficie en Km^2	Population en 1967	Densité au Km^2 en 1967	Population en 2004	Densité au Km^2 en 2004	Nombre des quartiers
Bumbu	5,50	37.560	6.829	329.234	59.860	13
Makala	5,60	37.200	6.643	253.844	45.329	14
Ngaba	4,00	17.810	4.453	180.650	45.162	6
Selembao	23,18	55.150	2.379	335.581	14.477	18
Total	38,28	147.720	3.858	1.099.309	28.717	51

Source : RD CONGO, Ministère du Plan (2005) : Monographie de Kinshasa, *175 p. cité par LELO NZUZI, Francis,* Kinshasa. Planification et aménagement, *Paris, L'Harmattan, 2011, p. 257*

3.4. L'impact sur l'environnement urbain

1° La destruction du couvert végétal

Avec le développement incontrôlé de l'habitat, on a assisté et on assiste encore à la destruction de la couverture végétale de la ville non seulement dans ses Extensions Sud, mais aussi dans l'hinterland immédiat de l'agglomération. Il est donc difficile d'étudier ce problème sans une vision globale de la ville de ses origines à nos jours.

En 1950, Kinshasa se limitait aux anciennes et nouvelles cités. Les terres étaient totalement mises valeur par les cultures à l'Est vers Kingabwa et à l'emplacement de l'actuel camp KOKOLO. A côté de ces champs, il y avait une grande plantation des palmiers de la société IMAFOR (Rhodeby) qui offrait pratiquement autant d'espace cultivé que d'espace urbanisé. [52]

A cette époque, les forêts secondaires dégradantes, pour la plupart parsemées de champs après défrisage et brûlis, se situaient généralement dans le prolongement des forêts semi-caducifoliées originelles. Les « villages » qui mettaient ces terres en valeur s'implantaient surtout au débouché ou même au cœur des vallées. Ce furent les exemples du village de Binza avec des champs vers l'Ouest, des villages de Selembao, Makala, Lemba et Ngaba installés à la fois aux frontières de la ville et au bas des collines, au débouché des vallées de Lubudi, de Bumbu et Funa.

En 1957, Kinshasa devenait encore beaucoup plus vaste. Es forêts qui formaient la ceinture verte de la ville étaient en voie de disparation. Au Sud, ces forêts faisaient

---

[52] PAIN, Marc, *Kinshasa. Écologie et organisation*, Toulouse, Université Toulouse Le Mirail, 1979, p. 147

place à l'habitat au Parc Hembise aujourd'hui Joli Parc et étaient davantage détruites par des cultures périurbaines répétées.

En 1968, la forêt de Lukunga qui dominait encore le paysage urbain à l'Ouest en 1957 était déjà menacée de disparition. Il en était de même avec les forêts galeries qui avaient subsisté à l'époque. Dans la périphérie, les zones d'Extensions surtout, les forêts secondaires « originelles » avaient pratiquement disparu. En effet, avec la croissance spontanée de l'habitat, la parcellisation s'accompagnait toujours de la mise à nu des espaces. D'ailleurs, les premières constructions de l'époque utilisaient assez souvent le produit du déboisement ou de l'essartage des savanes arbustives proches.

Au-delà de la périphérie immédiate de la ville, l'exploitation systématique du charbon de bois et du bois de chauffage dans les collines (sur l'avenue de la Foire ex-By Pass, les routes de Selembao de l'Université Pédagogique Nationale « UPN » et de Matadi) aggravera encore ce problème de déforestation surtout que pendant cette époque, le réseau d'électricité n'était pas encore généralisé à travers la ville.

Selon toujours Marc Pain (1979), sur les 398 km^2 inventoriés, la forêt qui en 1958 représentait 7 % de la superficie totale n'en représentait plus que 1 % en 1968. Les surfaces arborées dégradées passaient au cours du même intervalle de temps de 8,5 à 15 %. Aujourd'hui, sous l'effet de l'extension très prononcée de la ville, les deux plus belles galeries (celle de N'djili et celle de Lukunga) et même celle de Lukaya ont presque totalement disparu. Et même les espaces réservés avec leurs îlots forestiers secondaires ou de reconstruction tels que le Campus Universitaire, le domaine de la Météo, le devant du Palais du Peuple… sont aussi menacés de lotissement.

Dans les zones de « squatting » : Makala, Ngaba, Bumbu, Kisenso, etc. les aires boisées n'existent pratiquement plus. Quelques cultures et beaucoup de concessions parcellaires leur ont été succédées. Quel peut-être ainsi l'impact de cette détérioration du couvert végétal sur l'environnement de la ville ?

La forêt remplit toute une gamme de fonctions à la fois sociales et écologiques. Elle n'est pas seulement une source de bois d'œuvre car elle abrite aussi une grande variété des espèces végétales et animales, protège et enrichit en même temps les sols. En outre, elle permet une régulation naturelle du cycle hydrologique, exerce une influence considérable sur le climat local et régional par l'évaporation et même sur le débit des versants des eaux superficielles et souterraines. Elle contribue ainsi à la stabilisation du climat mondial par la fixation du carbone. Et pour les populations qui vivent dans ou à proximité de la forêt, elle assure la subsistance et l'intégrité culturelle[53].

Toute ces fonctions, ou presque, ont été perturbées sous l'action de la déforestation incontrôlée. Ainsi, la mise à nu anarchique des sols peu épais et fragiles à Kinshasa et l'insuffisance de soins prodigués aux cultures expliquent aujourd'hui la dégradation de plus en plus inquiétant de site urbain.

---

[53] BANQUE MONDIALE, *Rapport sur le Développement dans le monde 1992. Le Développement et l'Environnement*, Washington, B.M, 1992, p. 60

2° La dégradation du site

Avec l'occupation des pentes par les Z.A.C, la destruction du site était prévisible car les manifestations de l'érosion anthropique se révélaient déjà spectaculaires. Cette implantation sans précaution ne pouvait que créer des catastrophes écologiques. Et surtout qu'elle s'était accompagnée de la mise à nu des sols, de la carence des pouvoirs publics, l'ignorance et de l'instabilité socio-économique de nouveaux arrivants. Les pentes et versants des collines sont dévalés par des éboulements et des ravins dont certains, longs de plusieurs centaines de mètres se brisent de 15 à 20 mètres entre des parois verticales[54]. Difficilement récupérables, ces ravins coupent souvent brutalement le site.

A l'Ouest et au Sud de la ville, on constatait que seules les très fortes pentes étaient respectées par l'habitat alors qu'ailleurs même les corniches supérieures du cirque d'érosion étaient envahies par des maisons servant de bornes extrêmes de toute tentative de la construction. C'est depuis longtemps que les versants des vallées de Binza, de Lubudi, de Funa étaient menacés par les érosions. Les rues tracées suivant la pente et le plan orthogonal se transformaient à chaque pluie en de véritables ravins.

Ce phénomène est encore aujourd'hui remarquable à Makala, Bumbu, Selembao où les rues se transforment en « torrents » à chaque pluie. Pour combattre ce ravinement, les habitants essayent de planter des tiges de bambou, de construire des barrages de terre au travers le ravin tout en prenant soin d'y créer des décharges d'ordures et d'y entasser des carcasses de véhicules. Dans les situations

---

[54] PAIN, Marc, *op.cit.*, p. 154

graves, ils utilisent le béton et édifient des glissières.

Mais hélas, ces tentatives de lutte antiérosive restent à la fois précaires et surtout artisanales. Le manque de travaux d'ensemble ne permet pas d'éradiquer complètement l'érosion. La prise en main et la prise en charge du site érosif ne réussissent mieux que dans un esprit de travail collectif et associatif : il faut donc penser et agir tant localement que globalement. Sans l'interdiction de bâtir et un aménagement sérieux, l'érosion devient irréversible d'autant plus qu'avec la destruction du tapis végétal les pentes deviennent très sensibles au ravinement.

Tableau II : Les communes et les degrés des pentes

Degré de la pente	Communes	Urbanisation
1) < 4%	Gombe, Kinshasa, Barumbu, Lingwala, Kasa-Vubu, Ngiri-Ngiri, Kalamu, Limete, **Ngaba**, Matete, N'djili, Kimbanseke, N'sele, Maluku, Kintambo, Masina, Lemba	Site facilement urbanisable
2) entre 4% et 8%	**Makala**, **Bumbu**, Kintambo (Camp Luka)	Site fragile dans les quartiers d'autoconstruction
3) entre 8% et 12, 5%	**Selembao**, Mont-Ngafula, **Bumbu**, Kisenso	Site aux travaux d'assainissement exigés
4) entre 12% et 20%	Ngaliema, Mont-Ngafula, **Selembao**	Site très contraignant pour l'urbanisation
5) >20%	Mont-Ngafula, Ngaliema	Site non aedificandi

Source : Atlas de Kinshasa *cité par LELO NZUZI, Francis,* Kinshasa. Ville et environnement, *Paris, L'Harmattan, p. 103*

Observation : en dehors de la commune de Ngaba dont le site est facilement urbanisable, les communes de Makala, Bumbu et Selembao (surtout) présentent beaucoup de fragilité et de contrainte pour l'urbanisation de leurs sites respectifs.

Pour des raisons d'insécurité du site et des difficultés d'accès, on a même assisté dans certains quartiers comme Kisenso et Selembao à un abandon volontaire des espaces d'habitation. Il n'en est resté parfois que des maisons délabrées, des constructions inachevées.

Les exemples des dégâts causés par les érosions à Kinshasa sont légion. La ville a connu dans son histoire de graves accidents érosifs qui l'ont privé de certaines de ses importantes voies d'accès : les cas de l'éboulement sur la route de Selembao joignant l'UPN au Sanatorium en 1970 et en 1973 et de l'érosion sur la route de Matadi entre l'UPN et le camp Badiandingi en 1995.[55]

Erosion et végétalisation au quartier Tampa à Makala

Selon le rapport de la Banque Mondiale 1992, l'érosion est l'une des causes majeures de la dégradation des sols ; son caractère irréversible et les effets indésirables qu'elle peut entraîner la distinguent des autres telles que la perte de nutriments végétaux, de matière organique ou de micro-organismes. Dans les Extensions Sud de Kinshasa, elle est la

---

[55] PAIN, Marc, *Idem*, p. 155.

principale manifestation de la détérioration du site urbain où le problème de canalisation d'eau se pose encore impérativement.

3° Le problème d'approvisionnement en eau potable

En Afrique comme partout ailleurs, les trois problèmes essentiels concernant les ressources en eau sont : la pénurie, l'inondation et la pollution.[56] Malgré les efforts déployés par les gouvernements africains en milieux urbains, les pénuries d'eau y restent encore fréquentes à cause des besoins de plus en plus grands d'une population en croissance rapide et des activités économiques en pleine expansion.

A Kinshasa, la Regideso est la seule compagnie distributrice d'eau potable, celle-ci provient de ces trois usines :

– La station d'épuration de Lukunga ;

– La station d'épuration de Ngaliema au bord du Fleuve Congo

– La station d'épuration de N'djili à proximité de la rivière N'djili

Le réseau de distribution d'eau est réparti en quatre secteurs :

– Le Secteur Central, le plus étendu, dessert pratiquement aujourd'hui les Anciennes cités (Kintambo, Lingwala…), les Nouvelles Cités (Ngiri-Ngiri, Kasa-Vubu…) et les Cités planifiées à l'Ouest de N'djili (Lemba, Matete…) Ses réservoirs sont remplis grâce à l'usine de Lukunga.

– Le Secteur Est, alimenté par l'usine de N'djili,

---

[56] OYEBANDE, Lekan, *Les problèmes de l'eau en Afrique*, in *Environnement africain*. Dossier spécialisé 1, 1976, p. 41-56.

approvisionne en eau potable les populations de Masina, et de Kimbanseke en petit nombre.

– Les Secteurs Ouest et Sud desservent les collines de Ngaliema situées à 350 mètres d'altitude et les zones de Mont-Ngafula et Sud Lemba. Ces deux secteurs sont ravitaillés par l'usine de Ngaliema et le Secteur Central.

Avant comme après quelques années qui ont suivi l'indépendance, le réseau de canalisation d'eau de la Regideso ne desservait qu'une partie de la ville c'est-à-dire les Anciennes et les Nouvelles Cités, les Cités Planifiées, les Quartiers Résidentiels de haut standing, les Zones industrielles, etc… les espaces urbanisés après l'indépendance, les zones d'habitat spontané, ont été pendant longtemps privés de raccordement individuel, à l'exception de quelques rares abonnés installés à proximité de grande axes de fontaines publiques.

Ainsi, jusqu'il y a quelques années relativement récentes, les quartiers de Kingabwa, Mombele, Léopard, Camp Luka, Selembao, Kimbangu, les Zones d'Extensions Sud de Bumbu, Makala et Ngaba, les extensions périphériques de Kimbanseke, Masina, et Kisenso, et partiellement Ngaliema n'ont pas été alimentés par la Regideso.

Aujourd'hui, grâce à l'appui du Fonds Européen de Développement, les Zones d'Extension Sud et beaucoup d'autres quartiers périphériques nés après 1960 sont dotés d'un réseau de distribution d'eau dont la construction a commencé en 1976 avec l'installation d'un réservoir de 12.000m^3. Toutefois, malgré ces efforts, beaucoup d'habitants de Kinshasa ne sont pas encore desservis par un réseau de raccordement individuel car certains coins de ses zones d'habitat spontané restent non alimentés par la

Regideso. C'est le cas de quelques quartiers de Makala, Bumbu, Kimbanseke, etc… dont les habitants se ravitaillent pour certains besoins (lessives, vaisselles, bains…) dans la nappe phréatique grâce aux aménagements des puits ou dans la rivière[57].

Malheureusement, la qualité de ces eaux souterraines et superficielles est menacée de pollution permanente à cause de la dégradation ou même de l'inexistence d'un réseau d'assainissement qui entraîne l'accumulation exubérante de toutes sortes des déchets.

4° Les problèmes d'évacuation des déchets liquides, solides et gazeux

❖ **Les déchets liquides**

A Kinshasa, ces déchets sont de différentes natures : les eaux pluviales, les eaux ménagères, les eaux industrielles, les excréments humains… D'une façon générale, ils soulèvent deux problèmes : l'inondation ou la stagnation d'eau et la pollution.

Le réseau d'assainissement à Kinshasa est restreint et médiocre. Le réseau de drainage primaire est réalisé par les exutoires naturels dont on a aménagé les parties basses. Ce réseau, malgré son fonctionnement normal, présente des cas de dégradations et une insuffisance de soin ; l'évacuation des eaux de ruissellement se fait alors difficilement et les risques des ravinements et des inondations sont inévitables.

Par ailleurs, l'aménagement de ce réseau primaire n'a pas accompagné la croissance urbaine. A cause de fortes pluies, les parties basses de collines restent souvent

---

[57] PAIN, Marc, *Ibidem*

sableuses et mal drainées. Les cours d'eau des fonds de cirque et des vallées sont souvent incapables de drainer des matériaux provenant de parties supérieures, il s'ensuit l'inondation et l'ensablement des parties situées en aval.

Ainsi, les pluies diluviennes font parfois déborder le lit des vallées de Bumbu et de Funa, ou même remonter la nappe phréatique proche du sol. La circulation y est très souvent entravée. Cette situation est courante dans la plupart des zones d'extension telles que Makala, Bumbu, le Camp Luka de Selembao,...

Parfois, le manque d'entretien du lit provoque le débordement des eaux au-dessus de la chaussée allant jusqu'à engloutir des ponts. Le cas de l'avenue Kasa-Vubu est très illustratif. En effet, avant l'aménagement du pont sur la rivière Lubudi entre Kintambo et Bandalungwa, cette avenue était à chaque pluie inondée par le cours d'eau. Il en est de même de l'avenue Bongolo à proximité de l'Université Kimbanguiste. D'autre cas analogues sont à signaler à la traversée de la Funa par l'avenue de la Foire et en aval des Z.A.C implantées au bas de collines : Makala, Bumbu...

Au cours des années qui ont suivi l'indépendance, les réseaux secondaires et tertiaires étaient presqu'en bon état dans les zones résidentielles, le centre-ville et les Cités Planifiées. Aujourd'hui, ils sont dans un état vétuste et présentent souvent d'énormes défauts à cause de l'incurie des pouvoirs publics et de la négligence de la population qui n'arrivent pas à entretenir ces ouvrages qui connaissent avec le temps la pression de l'usure. Dans les Anciennes cités, ils sont en pleine dégradation alors qu'ailleurs dans les zones d'extension ils sont inexistants. Dans les quartiers d'habitat spontané, la collecte des eaux pluviales ou usées est laissée à la libre initiative des habitants qui utilisent comme dépotoir les fosses septiques, les puits perdus ou un cours d'eau proche. Ils recourent à ces procédés, même pour l'évacuation des excréments humains.

Gestion des eaux usées et mauvaise odeur au quartier Mikasi à Makala

Avec ces pratiques d'assainissement précaires auxquelles s'ajoutent les déversements des effluents industriels de certaines usines à proximité des rivières ou du fleuve, les risques de pollution des nappes phréatiques et des eaux de surface sont évidents. La santé des citadins se trouve ainsi menacée par toutes sortes de maladie dues à la contamination de l'eau telles que le choléra, la dysenterie amibienne, la fièvre typhoïde, la poliomyélite, etc. ; ces maladies sont de plus en plus aujourd'hui récurrentes dans les quartiers populaires de Kinshasa.

❖ **Les déchets solides**

A Kinshasa, les déchets solides proviennent surtout des ordures ménagères et un peu moins de résidus industriels.

Le fameux surnom traditionnel de Kinshasa « *Poto Moyindo* » ou « *KIN-La Belle* » qui est aujourd'hui devenu « *Mboka epola* » *ou* « *KIN-La Poubelle* » interpelle les citadins de l'état insalubre actuel de la ville. En effet, les services de salubrité publique tels que le Programme National d'Assainissement (P.N.A) et l'Office de Voirie et de Drainage (O.V.D) ont d'énormes difficultés à assurer la propreté de la ville par suite de l'augmentation de la population et de l'extension urbaine. Ils sont souvent limités à quelques quartiers centraux de la ville. Mais leurs activités restent encore très insignifiantes.

Les dépôts d'immondices sont partout aussi dans les zones d'extension que dans les quartiers résidentiels. Dans celle-là comme dans les Anciennes et Nouvelles Cités, l'accumulation des immondices sur les voies publiques est encore importante. Vu la lenteur et l'inefficacité des services publics, les habitants des Extensions Sud et d'autres zones d'habitat recourent à l'évacuation des ordures en utilisant comme dépotoirs les berges des rivières et les ravins d'érosion. Les risques de contamination des eaux souterraines ou de surface augmentent alors sensiblement avec la recrudescence des maladies dites des « mains sales » (la fièvre typhoïde, la dysenterie, le choléra, les maladies infectieuses et parasitaires comme l'ankylostomiase, l'hépatite, etc.).

Une décharge sauvage dans la rue. Quartier Tampa à Makala

• Les polluants gazeux

Bien que d'une importance un peu moindre que dans les villes occidentales, les polluants gazeux à Kinshasa proviennent essentiellement de la fumée des industries et des automobiles. Avec l'absence de mesure de réduction de la pollution atmosphérique par les véhicules, les concentrations des particules en suspension deviennent (sans en prendre conscience) encore importantes.

Incinération des immondices à Makala sur l'avenue Croquet

Dans plusieurs quartiers pauvres des zones d'Extensions Sud comme Makala et Ngaba où la population (à cause de la carence ou des coupures intempestives d'électricité) utilise certains combustibles tels que les bois de chauffage, la biomasse comme énergie et pratique quotidiennement l'incinération des dépotoirs des ordures, les risques de pollution de l'air sont aussi élevés, surtout au niveau des habitations.

Selon le Rapport de la Banque Mondiale 1992, la fumée est une des causes de l'apparition des infections aigues des voies respiratoires qui provoquent environ 4.000.000 de décès par an des nourrissons comme des enfants. Chez les adultes, ces infections se manifestent par des bronchites chroniques ou des emphysèmes.

Les conséquences des problèmes écologiques sur la santé publique ne sont pas à démontrer à Kinshasa, surtout dans les quartiers d'habitat spontané comme Makala.

Exemple d'un puits perdu au quartier Malala à Makala

Troisième chapitre
L'enquête sur les pratiques populaires d'assainissement dans la commune de Makala

Makala, l'une des cités populaires de la zone d'Extensions Sud de Kinshasa, présente des problèmes écologiques urbains quasi les mêmes avec d'autres zones d'habitat spontané de la capitale congolaise : la quasi-inexistence des infrastructures publiques, l'insalubrité immonde, la pénurie en énergie (eau et électricité), la dégradation du sol et le ravinement à cause de la dévégétalisation, etc. Ces problèmes ont vu le jour sous l'effet de l'urbanisation rapide de Kinshasa au lendemain de l'indépendance du pays.

Le présent chapitre vise à en épingler les plus préoccupants et en analyser non seulement les solutions éventuelles mais aussi les facteurs d'apparition. Il se veut donc en somme un compte-rendu de notre enquête de terrain sur les pratiques populaires d'assainissement dans la commune de Makala.

Dans la partie introductive, nous avons largement défini le terme assainissement et nous l'avons considéré comme un ensemble de procédés permettant d'assurer la collecte et l'évacuation rapide des effluents surtout liquides ; et nous avons étendu l'expression « pratiques populaires d'assainissement » à d'autres techniques mises en œuvre par les habitants des quartiers populaires urbains (dépourvus d'un système d'assainissement collectif) pour répondre à leurs besoins de salubrité publique et d'environnement (ramassage et traitement des déchets ménagers et assimilés, techniques anti-érosives, etc.).

Quatre cents parcelles ont été enquêtées sur tout le territoire de Makala selon la méthode d'échantillonnage stratifié (cf. Le plan de l'enquête en annexe). Les parcelles enquêtées ont été proportionnellement réparties d'après le nombre de parcelles par quartiers.

§ 1 LE DIAGNOSTIC TERRITORIAL DE LA COMMUNE DE MAKALA

1.1. La situation géographique et climatique

1° Situation géographique

Makala est une des zones d'habitat spontané de Kinshasa nées après l'indépendance (cf. les annexes : Carte n° VIII : *la commune de Makala dans la ville de Kinshasa*). En tant que commune administrative et urbaine, Makala a vu le jour par l'arrêté ministériel n° 68-026 du 30 mars 1968. Une modification juridique en déterminait les limites un an après par l'arrêté ministériel n° 69-042 du 25 janvier 1969.

La commune urbaine de Makala est située entre les communes de Bumbu, Kalamu, Ngaba, Ngiri-Ngiri et

Selembao. Elle est bornée au Nord par l'artère Elengesa et séparée de la commune de Kalamu par l'axe des avenues Kikwit et Kimwenza. A l'Est et au Sud elle fait frontière à la commune de Ngaba par l'avenue de l'Université jusqu'à son intersection avec l'avenue de la Foire (ex-By Pass) et s'étend jusqu'à l'intersection de celle-ci avec l'avenue Elengesa en prolongeant la route de Matadi et la commune de Mont-Ngafula. A l'Ouest, elle est séparée des communes de Bumbu et Selembao par l'avenue Elengesa (cf. les annexes : Carte n° IX : *Carte générale de la Commune de Makala*).

Makala paraît pratiquement enclavé. Ne disposant d'aucune route asphaltée et carrossable à l'intérieur de son territoire, il ne compte que sur quelques avenues principales pour sa desserte avec le reste de la ville. Quoi qu'elles se trouvent dans un état de plus en plus dégradé, ces avenues sont notamment : Université, Kimwenza, Kikwit, Elengesa, Kipasi et Mopulu[58]. Avec sa superficie de 5,60 km^2, la commune de Makala est traversée au Sud-Est par la rivière Funa qui la divise pratiquement en deux parties quasi inégales :

– La partie Nord appelée Makala I comprend 9 quartiers : Bagata, Bahumbu, Bolima, Malala, Mabulu I et II, Kisantu,

---

[58] NOTE : -L'avenue de l'Université, séparant la commune de Makala de celle de Ngaba, vient d'être complètement réhabilitée récemment dans le cadre du « Programme d'urgence des 100 jours premiers » du nouveau régime mis en place depuis le 24 janvier 2019. Selon ce programme, 40 km de routes à réhabiliter étaient retenus pour la ville-province de Kinshasa.

– Un grand ravin baptisé « Libulu Manzengele » par les kinois avait coupé en deux, pendant 10 ans environ, l'avenue de l'Université au niveau de son intercession avec l'avenue Manzengele jaugeant Makala et Ngaba. Les travaux de réhabilitation de ce tronçon de 11 km par l'Office des Voiries et Drainage (OVD) ont commencé depuis mars 2019.

Mikasi et Tampa.

– La partie Sud appelée Makala II compte également 9 quartiers : Kwango, Kabila, Lemba-Village, Mawanga, Mfidi, Salongo, Selo, Uélé et Wamba.

La commune de Makala compte donc 18 quartiers (cf. les annexes la Carte n° X : *Carte administrative de la Commune de Makala*).

2° Données climatiques

Le climat de la commune de Makala est celui qui prévaut presque dans toute la ville-province de Kinshasa, « un climat de type tropical chaud et humide avec des températures oscillant entre 21°C et 28°C à l'aube pendant la saison sèche et 30°C à l'ombre pendant la saison de pluie »[59].

Les « makalois » comme tous les kinois connaissent donc deux saisons : l'une des pluies (de la mi-septembre à la mi-mai) et l'autre sèche. « Il pleut au moins pendant cent jours à Kinshasa et la ville reçoit en moyenne 1345 mm d'eau des pluies par an. Le minimum comptabilisé est compris entre 900 à 1000 mm, et le maximum est légèrement supérieur à 1600 mm »[60].

Le tableau ci-dessous donne quelques renseignements sur les moyennes des températures et des précipitations dans la ville de Kinshasa.

---

[59] MAKAMBO, Mafelly Mafelly (Prof), *Insalubrité dans la Ville-Province de Kinshasa. Etat des lieux et piste des* solutions, Kinshasa, Editions Betras, 2019, p. 18

[60] *Idem*, p. 19

Tableau n° 1 : Les moyennes des températures et précipitations dans la ville de Kinshasa

Mois	Minimum (°C)	Maximum (°C)	Pluie (mm)
Janvier	21	31	135
Février	22	31	145
Mars	22	32	196
Avril	22	32	196
Mai	22	31	159
Juin	19	29	8
Juillet	18	27	3
Août	19	29	3
Septembre	20	31	30
Octobre	22	31	119
Novembre	22	31	222
Décembre	21	30	142

Source : MAKAMBO, Mafelly Mafelly (Prof), Insalubrité dans la Ville-Province de Kinshasa. Etat des lieux et piste des solutions, p. 19

1.2. Quelques traits caractéristiques de la population

La population de Makala se chiffre à environ 250.611 habitants en 2018 selon les données de l'Enquête Démographique de la Commune. Cette population est synthétiquement répartie de la manière suivante :

	HOMMES	FEMMES	GARCONS	FILLES	TOTAL
NATIONAUX	53.478	55.678	59782	62.142	231.080
ETRANGERS	3.997	4.728	5.301	5.505	19.531
TOTAL	57.475	60.406	65.083	67.647	250.611

Source : Données administratives de la commune de Makala 2018

Cette population est relativement jeune. Pour les deux sexes, les jeunes garçons et filles (de moins de 18 ans) représentent 53 % de la population totale. Le sex-ratio (le rapport de masculinité) dénote, dans la population adulte, un déficit numérique de l'élément masculin (95 hommes pour 100 femmes), alors que dans les années antérieures la prédominance masculine était encore importante : par exemple en 1984, 106 hommes pour 100 femmes ; en 1996, 101 hommes pour 100 femmes. Le profil de cette population est donc caractéristique d'une population d'immigrants (cf. Les annexes Tableau I La population de Makala 2018).

La population de Makala est quasiment mal répartie à travers ses dix-huit quartiers. Le quartier le moins peuplé de la commune (Lemba-Village avec 5485 habitants) représente 2 % de la population totale alors que le quartier le plus peuplé (Tampa avec 20957 habitants) représente 8 % (cf. le tableau 1 en annexe). De même, la répartition des parcelles dans le territoire semble relativement mal équilibrée. On remarque un écart assez significatif entre le quartier le plus peuplé (1118 parcelles soit 8 %) et celui le moins peuplé (440 parcelles soit 3 % ; cf. le tableau 2 en annexe). Ainsi la densité de Makala s'estime à 44.752 habitants par km^2 avec un taux de croissance de 4 %.

1.3. Les activités économiques et l'emploi

Depuis sa création en 1968 jusqu'à nos jours, la commune de Makala semble avoir été laissée en marge du progrès social et économique contrairement aux communes qui lui sont voisines. On n'y trouve pas de routes bitumées, ni d'industries, ni de magasins, ni de super marchés, ni de banques commerciales. C'est surtout le long de grandes artères qui séparent Makala et d'autres communes (avenue de l'Université, By Pass, Kikwit,.) que se trouve implanté l'essentiel des activités commerciales (boutiques, hôtels, discothèques, etc.).

A cause de la pauvreté généralisée, les habitants de Makala ont transformé chaque avenue de la cité en marché, en bazars où s'exercent moult activités informelles notamment le petit commerce ; c'est de la débrouillardise (surnommée en RD Congo « article 15 ») dont dépend la survie de beaucoup de famille. Pour survivre à Kinshasa, il faut, dit-on, être débrouillard !

Le paupérisme a pris des proportions si importantes qu'il ne laisse jamais personne au chômage ni à la retraite ! Le tableau II (en annexe) donne quelques détails précieux sur la statistique de la main d'œuvre à Makala. Le tableau ci-dessous tiré de notre enquête sur le terrain donne par quartiers le nombre des personnes exerçant une activité rémunératrice de revenu (un emploi ou un auto-emploi).

Tableau n° 2 : Exercice d'une activité professionnelle par quartiers à Makala

N°	QUARTIERS	NOMBRE DE TRAVAILLEURS	%	NOMBRE DE CHOMEURS	%
1	BAGATA	27	75	9	25
2	BAHUMBU	17	85	3	15
3	BOLIMA	18	90	2	10
4	KABILA	7	44	9	56
5	KISANTU	9	56	7	44
6	KWANGO	6	38	10	62
7	LEMBA VILLAGE	5	42	7	58
8	MABULU I	13	41	19	59
9	MABULU II	18	64	10	36
10	MALALA	30	75	10	25
11	MAWANGA	12	60	8	40
12	M'FIDI	9	56	7	44

13	MIKASI	13	65	7	35
14	SALONGO	15	75	5	25
15	SELO	11	55	9	45
16	TAMPA	19	59	13	41
17	UELE	10	62	6	38
18	WAMBA	16	80	4	20
	TOTAL	**255**	64	**145**	36

Source : Enquête sur le terrain, juillet 2019

Notre enquête sur le terrain laisse voir aussi un nombre important de personnes qui exercent une activité professionnelle (64 % contre 36 % des « sans-emplois »).

Mais en réalité, il s'agit, d'après notre observation sur le terrain, des activités pour la plupart du secteur informel : petit commerce, artisanerie, boulangerie, meunerie, buvette, restaurant-bar, etc. L'appréciation du revenu par la population elle-même rend bien compte que Makala reste en général une commune des « gagne-petit » si bien que la prise en charge des besoins d'assainissement par la population elle-même laisse à désirer (cf. le tableau ci-dessous).

Tableau n° 3 : Appréciation du revenu mensuel des travailleurs résidant à Makala

N°	APPRECIATION DU REVENU	NOMBRE DE REPONSES	PROPORTION EN %
1	Suffisant	**52**	**20**
2	Insuffisant	**139**	**55**
3	Très insuffisant	**64**	**25**
	TOTAL	**255**	**100**

Source : Enquête sur le terrain, juillet 2019

A Makala, 80 % des travailleurs n'estiment pas suffisant leur revenu mensuel. Dans cette frange de la population où un employé de maison (une bonne ou un domestique) ne gagne même pas 50 $ US le mois, le revenu annuel d'un fonctionnaire de l'Etat reste encore un salaire de « crève-la-faim-à-vie » (un huissier toucherait par mois, selon le nouveau barème d'avril 2019, le montant de 118.350 Franc Congolais soit 71,7 dollars américains[61]).

1.4. La question du statut foncier

En RD Congo, les terres sont régies par la loi n°073-021 du 20 juillet 1973, telle que modifiée et complétée par la loi du 18 juillet 1980. Cette loi consacre le principe de l'appartenance de toutes les terres nationales à l'Etat congolais. « L'Etat Congolais étant le seul propriétaire des terres, les autres personnes, physiques ou morales, ne peuvent en détenir qu'un droit de jouissance attribué par contrat, dénommé concession foncière (article 61). Ce droit, pour être valable, doit être inscrit au livre d'enregistrement et constaté par un titre dénommé certificat d'enregistrement (article 219, alinéa 1) (...). Ainsi, seul le certificat d'enregistrement consacre légalement l'existence d'une concession foncière (concession perpétuelle ou ordinaire), ou d'un droit de propriété immobilière »[62]. Ce cadre juridique ouvrirait la porte à de grandes inégalités sociales et constituerait une source importante de corruption des élites dans un pays pauvre en revenus mais riche en matières premières. L'occupation du site de Makala a donc commencé vers la fin du temps colonial (entre 1950

---

[61] https://deskeco.com/rdc-le-nouveau-bareme-des-fonctionnaires-militaires-et-policiers-entre-en-vigueur-des-avril-2019/ consulté le 26/08/2019

[62] Amélioration de la gouvernance du secteur foncier en République Démocratique du Congo. La mise en œuvre du cadre d'évaluation de la gouvernance foncière (CAGF) : www.globalprotectioncluster.org consulté le 16 août 2019.

et 1958), bien avant la mise en œuvre de ce cadre juridique.

C'est sur la rupture de pente entre la plaine alluviale du Fleuve Congo et les collines du Sud qu'a été bâti le village de Makala, non loin de la rivière Bumbu. Les premiers occupants sont venus pour la plupart du Bas Congo (Kongo Central) et du Bandundu. Les terres leur ont été concédées par des Chefs coutumiers. Cette occupation s'est faite sans tenir compte de certaines normes urbanistiques, sans se conformer aux normes des titres fonciers ; étant une ZAC (Zone d'Auto-Construction), la commune de Makala relève d'une occupation anarchique des espaces déclarés impropres à la construction (marécages, zone d'inondation, glissement des terrains, etc.). « À l'instar des autres communes situées sur le piémont des collines du Sud (Ngaba et Bumbu), Makala a adopté un plan en damier géométrique de pistes globalement orientées Nord-Sud et Est-Ouest, quadrillage qui ne s'interrompt qu'au droit des cours d'eau comme la rivière Kalamu. Ce plan pratique et facile à mettre en œuvre dans la plaine alluviale l'a également été sur les pentes des collines, ce qui a entraîné une forte érosion à la saison des pluies »[63].

Tableau n° 4 : Statut d'occupation du sol à Makala

QUARTIERS	BAGATA	BAHUMBU	BOLIMA	KABILA	KISANTU	KWANGO	LEMBA VILLAGE	MABULU I	MABULU II	MALALA	MAWANGA	MFIDI	MIKASI	SALONGO	SELO	TAMPA	UELE	WAMBA	TOTAL	POURCENTAGE
Pro	20	10	16	12	11	9	9	18	19	26	8	11	12	13	13	21	9	12	249	62
Lo.	16	10	4	4	5	7	3	14	9	14	12	5	8	7	7	11	7	8	151	38

Pro : propriétaire Lo : locataire

Source : Enquête sur le terrain, juillet 2019

[63] https://fr.wikipedia.org/wiki/Makala consulté le 16 août 2019.

Aujourd'hui, les quartiers ainsi que les parcelles de Makala sont stratifiés, classés et cadastrés mais non encore dotés de commodités urbaines. Avec la crise du logement à Kinshasa, le nombre de locataires tend à augmenter (cf. le tableau ci-dessus) et on assiste même à des morcellements des parcelles. Dans ce contexte, c'est difficile d'affirmer que la gestion de l'environnement parcellaire reste l'apanage du bailleur (cf. le tableau n° 5).

Il y a plus de propriétaires (62 %) que des locataires (38 %) d'après notre enquête à Makala. Toutefois, pour une ZAC, le taux des bailleurs fonciers devrait normalement être plus élevé. Avec la crise du logement à Kinshasa, l'achat d'une parcelle à Makala devient onéreux (plus de 30.000 $ US pour une parcelle de 25 sur 20 m). Locataire et propriétaire semblent donc tous les deux concernés par les mêmes problèmes d'assainissement.

Tableau n° 5 : Opinion sur le statut du propriétaire

	Opinion vraie	Opinion fausse	TOTAL
Être propriétaire est un atout pour bien gérer son espace environnemental	**207**	**193**	**400**
POURCENTAGE	**52**	**48**	**100**

Source : Enquête sur le terrain, juillet 2019

A Makala beaucoup pensent qu'être propriétaire constitue un avantage pour la prise en charge des questions environnementales. Mais elle n'est pas non plus moins importante, la frange qui soutient l'opinion contraire. Aussi, locataires et propriétaires sont-ils tous impliqués aussi bien aux problèmes écologiques qu'aux pratiques populaires d'assainissement.

§ 2. LES PROBLEMES ECOLOGIQUES ET LES PRATIQUES POPULAIRES D'ASSAINISSEMENT

La crise écologique engendrée par le processus d'urbanisation frappe de plein fouet la commune urbaine de Makala. Maints problèmes s'y posent avec plus ou moins grande intensité. Nous avons, au cours de notre enquête scientifique, essayé d'épingler ceux qui se posent avec acuité. Nous avons également porté notre intérêt sur la manière dont ils sont résolus. En effet, certaines pratiques d'assainissement sont indissociables de problèmes qu'elles expliquent plutôt qu'elles ne les résolvent ; tel est le cas de l'insalubrité qui s'allie souvent à la taudification et à la bidonvilisation. Sans en dresser une liste exhaustive, ces problèmes sont notamment les suivants : la dégradation du site par l'érosion, l'approvisionnement en eau potable, l'entassement des effluents solides et la stagnation des effluents liquides, etc.

2.1. L'érosion

La dégradation du sol par l'érosion est un problème très épineux à Makala. Elle est d'origine aussi bien naturelle (les pluies torrentielles tropicales de septembre à mai) qu'anthropique. Plusieurs voies d'accès de la commune sont menacées par l'érosion et restent à certains endroits impraticables. Tels sont les cas des avenues Elengesa, Kibambi, Malungani, Mavuba ou « Croquet »… il s'y développe une érosion par ravinement (Gully erosion) qui se présente par des glissements des terrains sur les flancs des ravins et par la création de grandes pentes.

A titre illustratif, l'avenue Mavuba surnommée « Croquet » s'est complètement dégradée et se présente aujourd'hui comme un ravin de profil en **U** à fond plat et boisé, et à versant très raide. Elle semble arriver à un état de ravinement relativement stabilisé contrairement aux autres avenues ayant le profil en forme de **V** encore en pleine évolution. La détérioration de ces avenues par l'érosion ne pose pas moins de problèmes de circulation à travers la cité.

*Erosion au profil en forme de **U** (à fond plat et boisé) à Makala*

Erosion au profil en forme de V (en pleine évolution) à Makala
Photo radio Okapi

Outres les voies de communication, cette érosion menace aussi les habitations de certains quartiers de Makala comme l'indique le tableau ci-dessous.

Tableau n° 6 : Répartition des parcelles menacées par l'érosion à Makala

N°	QUARTIERS	PARCELLES MENACEES PAR L'EROSION	PROPORTION DES PARCELLES MENACEES PAR L'EROSION %
1	BAGATA	**24 sur 36**	**66,66**
2	BAHUMBU	**05 sur 20**	**25,00**
3	BOLIMA	**04 sur 20**	**20,00**
4	KABILA	**00 sur 16**	**0,00**
5	KISANTU	**00 sur 16**	**0,00**
6	KWANGO	**00 sur 16**	**0,00**
7	LEMBA-VILLAGE	**04 sur 12**	**33,33**

8	MABULU I	**25 sur 32**	**78,12**
9	MABULU II	**21 sur 28**	**75,00**
10	MALALA	**28 sur 40**	**70,00**
11	MAWANGA	**00 sur 20**	**0,00**
12	MFIDI	**05 sur 16**	**31,25**
13	MIKASI	**00 sur 20**	**0,00**
14	SALONGO	**00 sur 20**	**0,00**
15	SELO	**00 sur 20**	**0,00**
16	TAMPA	**12 sur 32**	**37,50**
17	UELE	**00 sur 16**	**0,00**
18	WAMBA	**00 sur 20**	**0,00**
	TOTAL	**128 pour 400 cas**	**32,00**

Source : Enquête sur le terrain, juillet 2019

De tous ces quartiers, c'est Mabulu I et Mabulu II qui sont les plus frappés par l'érosion. En effet, la majeure partie de ces deux quartiers (qui au départ ne formaient qu'un seul quartier) est bâtie sur le versant de collines. L'occupation anarchique du site, accompagnée de la dévégétalisation depuis l'indépendance, y explique aujourd'hui la dégradation du sol. A cela, il faut ajouter l'absence du système collectif d'assainissement des eaux pluviales et usées dans l'ensemble de la commune de Makala.

A côté des quartiers « Mabulu » autrement dits « ravins » en Lingala, il y a aussi d'autres quartiers qui leur sont voisins et où l'érosion n'est pas de moindre importance : Malala, Bagata, et Tampa. On remarquera une certaine prédominance numérique des parcelles menacées par l'érosion dans la partie Nord de Makala appelée Makala I, car elle est essentiellement située sur les parties supérieures et le versant des collines. Cette partie représente 93 % de cas d'érosion parcellaire enregistrés (soit 119 parcelles sur 128). Les quartiers les moins touchés (7 % soit 9 parcelles sur 128) sont surtout ceux de la partie Sud de la commune appelée Makala II, car ils sont situés presqu'au bas des collines. Ce sont notamment les quartiers Salongo, Mawanga, Wamba, Selo, Uélé, etc.

Comment les habitants de ces quartiers menacés par l'érosion arrivent-ils à contourner cette difficulté ? Beaucoup d'entre eux recourent à certaines techniques anti-érosives à la fois préventives et curatives (tableau cf. infra).

Tableau n° 7 : Pratiques populaires anti-érosives à Makala

N°	PRATIQUES POPULAIRES ANTI-EROSIVES	RESULTAT ESCOMPTE			NOMBRE TOTAL DE REPONSES	%
		BON	ASSEZ BON	MEDI OCRES		
1	Barrages sacs de sable (a)	3	9	21	33	26
2	Végétalisation (b)	14	13	6	33	26
3	Carcasses de véhicules (c)		2	5	7	6
4	Fumure (d)	-	5	13	18	14
5	Indifférence (f)	-	-	17	17	13
6	a + b + d	17	2	1	20	15
	TOTAL	34	31	63	128	10 0

Source : Enquête sur le terrain, juillet 2019

Avec ces différentes techniques anti-érosives populaires, le problème d'érosion à Makala n'est pas encore résolu. Le succès est de 27 % à peine alors que l'échec reste encore le plus important : 49 % pour l'ensemble des pratiques. La construction du barrage des sacs de sable et la végétalisation (cultures des bambous et des vétivers, haies vives, gazon, etc.) sont deux pratiques populaires anti-érosives les plus utilisées à Makala (52 %). Celle-ci est plus efficace que celle-là alors que leur combinaison avec la fumure paraît davantage plus efficace (17 succès sur 20 soit un taux de réussite de 85 %). Malheureusement, seulement 15 % de la population « makaloise » pratiquent cette forme de protection mixte (combinaison du barrage de sacs de sable avec la végétalisation et la fumure).

En dehors de ceux qui restent dans l'inaction ou l'indifférence face à l'érosion (13 %), très peu de gens recourent aux déchets de gros calibre (carcasses des véhicules, pneus des voitures, etc.) pour protéger le sol (6 %).

Le problème d'érosion dans la commune de Makala est d'une telle intensité que seule la végétalisation et d'autres pratiques d'assainissement ci-haut énumérées ne sauraient complètement le résoudre. Il serait donc impérieux de recourir à une protection mixte, c'est-à-dire, il serait indispensable de construire des ouvrages d'art associés à la végétalisation. Il s'agirait particulièrement de la construction des réseaux de drainage pour assurer l'évacuation des eaux qui tombent sur la plate-forme, l'éloignement des eaux ruisselantes et l'assèchement du sous-sol.

Makala fait partie de 15 communes de Kinshasa qui forment le bassin versant de la rivière Funa. Les sols du bassin versant de la Funa sont essentiellement sablonneux avec quelques particularités. Ils ont comme caractéristiques entre autres une faible capacité de rétention d'eau ; la présence des sables rend donc les sols du bassin et de la partie collinaire très fragiles à l'érosion hydrique surtout après l'occupation anarchique des espaces (non aedificandi) et leurs modifications à la longue.

D'où l'importance de protéger les sols par la construction des caniveaux à section rectangulaire en béton en vue de mettre hors de la plate-forme les eaux des précipitations et d'empêcher la stagnation de ces eaux sur les chaussées. Les caniveaux que l'on trouve à Makala sont presque tous non bétonnés, leurs lits débordants déjà ne peuvent laisser bien couler les eaux des pluies. Il faudrait donc de grands caniveaux éventuellement accompagnés de fossés, de dalots ou d'aqueducs.

L'édification de tels ouvrages d'art devrait s'accompagner de la pratique du reboisement initiée déjà par la population locale. En effet, une telle entreprise relèverait en fait des attributions du ministère des Travaux Publics et Aménagement du Territoire et serait normalement confiée pour exécution à l'OVD (Office de Voirie et de Drainage) ou une autre société privée chargée de travaux publics. Malheureusement, Makala ne fait pas encore partie de priorités de l'Etat ni du gouvernement. On se demande même pour qui travaillent ses élus ! La population est abandonnée à son propre sort. Les mouvements associatifs qui pourraient jouer un rôle avant-gardiste (de lobbying et de plaidoyer) auprès des instances politiques sont quasi inexistants et semblent n'avoir aucun impact sur cette population délaissée.

Outre son action destructrice, l'eau soulève un autre problème à Makala, c'est celui de son approvisionnement.

2.2. L'approvisionnement en eau

Makala est une des zones de « squatting » où se pose encore l'épineux problème d'approvisionnement en eau potable. En effet, certains quartiers de cette cité ne sont pas totalement pourvus du réseau de distribution d'eau de la Regideso, Régie nationale de distribution d'eau en R.D Congo.

Certaines habitations, quand bien même elles s'y sont raccordées, ne sont pas desservies soit à cause de la rupture du raccordement délibérément opérée par les agents de la Regideso après constatation du non-paiement des factures par les abonnés, soit parce qu'il y a une faible pression d'eau devant jaillir du robinet. Les habitants des quartiers privés d'eau portable contournent l'obstacle en creusant dans un coin de la parcelle un puits dont l'eau est essentiellement utilisée pour la cuisine, la vaisselle, la lessive, bref pour les besoins ménagers et la baignade. L'eau des puits est souvent partagée gratuitement avec les voisins.

Pour avoir en réserve de l'eau potable, la population doit parcourir quelques km à pieds, dans les quartiers voisins ou communes voisines. Cette eau qui servira essentiellement de boisson est vendue et achetée au forage ou auprès de certains marchands au prix de 1,5 $US le bidon de 5 litres.

Le tableau ci-dessus décrit le phénomène de la rareté d'eau dans certains quartiers de Makala :

Tableau n° 8 : Pénurie d'eau dans la commune de Makala

N° QUARTIERS	NOMBRE DE PARCELLES NON RACCORDEES	PARCELLES AVEC PRIVATION TEMPORAIRE D'EAU	TOTAL DE PARCELLES PRIVEES D'EAU	PROPORTION EN % DU TOTAL DES PARCELLES SANS EAU
1. BAGATA	**36 sur 36**	-	**36**	**100,00**
2. BAHUMBU	**12 sur 20**	-	**12**	**60,00**
3. BOLIMA	**15 sur 20**	**1**	**16**	**80,00**
4. KABILA	**7 sur 16**	-	**7**	**43,75**
5. KISANTU	**5 sur 16**	**1**	**6**	**37,50**
6. KWANGO	**5 sur 16**	**2**	**7**	**43,75**
7. LEMBA VILLAGE	**3 sur 12**	**1**	**4**	**33,33**
8. MABULU I	**32 sur 32**	-	**32**	**100,00**
9. MABULU II	**13 sur 28**	**5**	**18**	**64,28**

10. MALALA	36 sur 40	-	36	90,00
11. MAWANGA	7 sur 20	1	8	40,00
12. MFIDI	12 sur 16	-	12	75,00
13. MIKASI	15 sur 20	-	15	75,00
14. SALONGO	8 sur 20	2	10	50,00
15. SELO	4 sur 20	2	6	30,00
16. TAMPA	18 sur 32	-	18	56,25
17. UELE	9 sur 16	-	9	56,25
18. WAMBA	5 sur 20	-	5	25,00
TOTAL	242 pour 400 cas	15	257	64,25

Source : Enquête sur le terrain, juillet 2019

Environ 64 % des parcelles dans l'ensemble du territoire de la commune de Makala n'ont pas accès au réseau de distribution d'eau potable. Les quartiers Bagata, Mabulu I, Malala et Bolima sont ceux où la pénurie d'eau se fait le plus sentir. L'installation d'un réseau de raccordement en eau potable dans ces quartiers est une entreprise très difficile au regard du relief qu'ils présentent (dégradation des sols, ravinement). Toutefois elle est la seule solution qui s'impose car l'eau de puits utilisée souvent pour les besoins ménagers est la plupart de temps polluée par la présence des fosses septiques ou des dépotoirs insalubres parfois situés à proximité. L'eau de la rivière est tellement polluée par les immondices et toutes sortes de déchets que son utilisation est parfois limitée aux seuls travaux de construction. Une autre alternative serait de créer des forages comme celui (le seul d'ailleurs) qui est situé sur l'avenue Kisupaka dans le quartier Bagata et qui alimente en eau potable les quartiers voisins (Malala, Mabulu I et Tampa).

Dans les quartiers où il n'y a pas pénurie d'eau potable comme Uélé, Selo, Mawanga… il y a souvent spéculation des prix pour des habitants des quartiers de pénurie qui viennent s'approvisionner.

Insalubrité et pénurie d'eau au quartier Mabulu I à Makala

Les eaux polluées de la rivière Funa

Un forage au quartier Bagata à Makala

Un puits d'eau au quartier Lemba-Village à Makala

En dehors de la pénurie d'eau, beaucoup de parcelles à Makala manquent d'énergie électrique et sont obligées d'utiliser le bois ou le charbon pour la cuisson de repas. Le tableau ci-dessous indique l'accès à l'énergie électrique dans les différents quartiers de cette cité.

Tableau n° 9 : Accès à l'énergie électrique dans la commune de Makala

N° QUARTIERS	NOMBRE DE PARCELLES RACCORDEES A LA SNEL*	%	NOMBRE DE PARCELLES PRIVEES D'ELECTRICITE	%
1. BAGATA	**23 sur 36**	64	**13**	36
2. BAHUMBU	**17 sur 20**	85	**3**	15
3. BOLIMA	**18 sur 20**	90	**2**	10
4. KABILA	**15 sur 16**	94	**1**	6
5. KISANTU	**13 sur 16**	81	**3**	19
6. KWANGO	**15 sur 16**	95	**1**	5
7. LEMBA VILLAGE	**12 sur 12**	100	-	00
8. MABULU I	**20 sur 32**	62,5	**12**	37,5
9. MABULU II	**19 sur 28**	68	**9**	32
10. MALALA	**34 sur 40**	85	**6**	15
11. MAWANGA	**19 sur 20**	95	**1**	5
12. MFIDI	**16 sur 16**	100	-	00
13. MIKASI	**12 sur 20**	60	**8**	40
14. SALONGO	**20 sur 20**	100	-	00
15. SELO	**17 sur 20**	85	**3**	15
16. TAMPA	**24 sur 32**	75	**8**	25
17. UELE	**16 sur 16**	100	-	00
18. WAMBA	**18 sur 20**	90	**2**	10
TOTAL	**328 pour 400 cas**	82	**72**	18

Source : Enquête sur le terrain, juillet 2019

* SNEL : Société Nationale d'Electricité

Il est vrai que 82 % de parcelles de la commune de Makala sont connectées à la SNEL. Toutefois, beaucoup se plaignent soit de coupures intempestives et longues soit de la mauvaise qualité d'énergie électrique fournie ; celle-ci n'arrive même pas à leur procurer un minimum d'éclairage. Il faut reconnaître que beaucoup de ces parcelles qui avouent être raccordées à la SNEL ne le sont même pas légalement car elles s'arrangent souvent avec des voisins à obtenir des branchements frauduleux.

En somme, selon le rapport de la Banque Mondiale sur l'environnement 1996, l'accès à l'eau et la qualité de l'eau contribuent à la réduction en valeur médiane de la morbidité due aux diarrhées à 22 %, à la dracunculose (ver de Guinée) à 76 %... Cependant à Makala l'amélioration de l'approvisionnement en eau fait encore défaut. Il en est de même de l'assainissement ou de l'élimination des ordures ou des eaux usées.

3.3. L'accumulation des effluents solides et liquides

Les déchets solides et liquides sont surtout ceux dont le volume augmente sensiblement et dont l'élimination n'est pas surtout correcte et contrôlée à Makala.

1° Les déchets solides

De diverses natures ces déchets proviennent essentiellement des ordures ménagères. Mal éliminés par la plupart des habitations, ils sont plus accumulés qu'évacués et débordent parfois le cadre parcellaire pour envahir la rue qui dès lors se transforme à une véritable décharge publique. Ainsi, en est-il de certaines avenues de la commune de Makala en l'occurrence l'avenue Wassa où se forme un tas d'immondices sur quelques 300 mètres, et l'avenue Kukiele près du marché Vondo vers le Rond-Point Ngaba. Il arrive parfois qu'à certains endroits la route soit encombrée des ordures et que le passage soit barré. C'est le cas de la décharge sauvage plantée sur le mur du centre hospitalier catholique « Ngondo Maria » le long de l'avenue Croquet.

Insalubrité au quartier M'fidi a Makala

Dépotoir des déchets sur l'avenue Croquet a Makala

Le problème d'élimination des immondices en appelle

ainsi à celui de leur gestion par les habitants (tableaux cf. supra).

Tableau n° 10 : Usage des poubelles dans les ménages de Makala

N°	QUARTIERS	MENAGES DOTES D'UNE POUBELLE	%	MENAGES NON DOTES D'UNE POUBELLE	%
1	BAGATA	7	19	29	81
2	BAHUMBU	16	80	4	20
3	BOLIMA	4	20	16	80
4	KABILA	11	69	5	31
5	KISANTU	12	75	4	25
6	KWANGO	15	94	1	6
7	LEMBA VILLAGE	10	83	2	17
8	MABULU I	13	41	19	59
9	MABULU II	18	64	10	36
10	MALALA	21	53	19	47
11	MAWANGA	18	90	2	10
12	MFIDI	9	56	7	44
13	MIKASI	14	70	6	30
14	SALONGO	20	100	-	-
15	SELO	18	90	2	10
16	TAMPA	20	63	12	37
17	UELE	15	94	1	6
18	WAMBA	16	80	4	20
	TOTAL	257	64	143	36

Source : Enquête sur le terrain, juillet 2019

64 % des ménages de Makala utilisent la poubelle contre 36 % qui n'en font pas usage. Chez les non-usagers de la poubelle, les quartiers Bagata, Bolima et Mabulu I occupent les 3 premiers rangs. A cause de la présence des escarpements à Mabulu et à Bagata, les habitants n'ayant pas de poubelles dans la cour préfèrent déverser directement les ordures ménagères dans les ravins pour atténuer les effets

de l'érosion sur le site. Quant au quartier Bolima, sa proximité avec la rivière Funa expliquerait ce faible taux d'usage de la poubelle (cf. Carte n° X : Carte administrative de la commune de Makala et Carte n° XI : Carte topographique de la commune de Makala). En effet, sa population a fait de la rivière un exutoire, l'ayant transformée en une décharge publique. Ce qui rend ce quartier encore plus insalubre pendant la saison des pluies.

Tableau n° 11 : Quelques modes d'élimination populaires des déchets ménagers et assimilés (DMA) à Makala

N°	MODES D'ELIMINATION DES DECHETS	NOMBRE DE REPONSES	PROPORTI ON EN %
1	Usage d'une poubelle dans la parcelle	**118**	**29,5**
2	Enfouissement des ordures dans la cour	**33**	**8,25**
3	Incinération personnelle des déchets	**43**	**10,75**
4	Rejet des déchets dans une décharge publique	**12**	**3,00**
5	Rejet des déchets dans une rivière proche	**71**	**17,75**
6	Rejet des déchets dans la rue	**50**	**12,50**
7	Rejet des déchets dans les ravins et sites érosifs	**57**	**14,25**
8	Tri+ récupération des déchets pour compostage	**9**	**2,25**
9	Enfouissement et Incinération	**7**	**1,75**
TOTAL		**400**	**100**

Source : Enquête sur le terrain, juillet 2019

Il ressort de ce tableau que dans la commune de Makala les modes populaires d'élimination des ordures ménagères sont très variés. L'implication des services publics dans la gestion des déchets avec le P.N.A (Programme National d'Assainissement) n'y est presque jamais visible ; chaque occupant parcellaire ou locataire se démène à assainir, à sa manière, son espace environnemental. 30 % de la population utilisent une poubelle dans la cour pour emmagasiner les ordures ; une fois la semaine le charretier vient, moyennant un paiement d'environ 1$ US par parcelle, vider la poubelle et emporter les déchets dans une décharge publique.

Enfouissement des DMA dans la cour au quartier Mabulu II à Makala

Rejet des DMA dans la rivière Funa au quartier Mikasi à Makala

Rejet des DMA dans la rue au quartier Salongo à Makala

D'autres rejettent tout dans les rigoles et dans la rue (13 %). Cette pratique présente beaucoup de dangers pour la santé des habitants. En effet, l'accumulation désordonnée des ordures dans la parcelle ou à chaque axe routier constitue un véritable biotope des vecteurs de certaines maladies telles que la leishmaniose, la fièvre typhoïde, la dysenterie … qui exposent à de graves risques la vie de ces citadins. Le rejet des déchets dans une rivière proche et le rejet des déchets dans les ravins et sites érosifs sont aussi des pratiques très populaires à Makala (32 % des cas regroupés). Parfois les habitants déversent leurs déchets, sans les emmagasiner dans des poubelles, dans des bassins versants des cours d'eau (la Funa et ses affluents) lorsque ceux-ci sont à proximité de lieux d'habitation. Ce comportement explique en grande partie la pollution des rivières de Makala et de ses eaux souterraines. Le risque de pollution augmente encore avec les déversements des déchets industriels que certaines usines viennent abandonner dans les quartiers périphériques. Souvent beaucoup de chiffonniers et d'enfants qui y fouillent sont exposés aux matières dangereuses et aux produits toxiques.

L'incinération des ordures ménagères reste également un mode d'élimination des déchets un peu répandu dans les quartiers populaires urbains (11 % des cas recensés à Makala) quand bien même associée à l'enfouissement elle représente une faible valeur. Les usagers des poubelles qui ne peuvent payer les charretiers vident souvent le contenu de leurs dépotoirs dans des décharges publiques situées souvent aux creux des vallée ou le long des falaises. Par manque d'un service de ramassage des ordures, les déchets s'entassent en grande quantité. Pour réduire leur volume, on recourt parfois à l'incinération (cf. la photo d'incinération des déchets sur la rue Croquet non loin de la décharge sauvage située le long de la clôture du Centre hospitalier Ngondo Maria).

L'enfouissement des ordures est une pratique populaire courante d'évacuation des déchets solides mais pas fort répandue à Makala (8 % des cas étudiés) contrairement dans les milieux ruraux africains. Dans un coin de la parcelle les citadins ont creusé un puits dans lequel sont enterrées les ordures. Une fois le trou rempli, est endroit pourra servir plus tard de potager. Cette pratique aurait pu conduire au tri et à la récupération des déchets alimentaires pour le compostage (2 % des cas enregistrés) au profit des activités horticoles mais malheureusement, à cause d'un manque d'informations sur les notions fondamentales d'économie circulaire et de traitement des déchets, la population ici ne saisit pas encore l'importance du compostage et de la méthanisation.

2° Les effluents liquides

Ces déchets liquides proviennent en majeure partie des eaux usées des ménages (eaux de vaisselles, de lessive, de cuisson des repas, etc.) ou des eaux pluviales et des excréments humains. Dans un quartier populaire comme Makala, l'évacuation des eaux ménagères et pluviales reste encore une grande équation à résoudre. Les eaux provenant le plus souvent de la douche, de la cuisine ou de la lessive se répandent, stagnent, dans beaucoup d'avenues, à même le sol nu dans la cour de la parcelle ou dans la rue et sont rarement collectées et drainées par un puits perdu. Le tableau ci-dessous illustre bien ce phénomène.

Tableau n° 12 : Quelques modes d'évacuation des eaux usées et pluviales à Makala

N°	PRATIQUES DE GESTION DES EAUX USEES & PLUVIALES	NOMBRE DE REPONSES	PROPORTION EN %
1	Aménagement d'un puits perdu ou d'une rigole	69	17,25
2	Rejet des eaux usées dans la rue ou la voie publique	230	57,50
3	Rejet des eaux usées dans une rivière proche	43	10,75
4	Rejet des eaux usées dans la cour de la parcelle	58	14,50
	TOTAL	400	100,00

Source : enquête sur le terrain, juillet 2019

Les habitants de Makala ne recourent pas trop à l'usage des puits perdus (17 %) pour évacuer leurs eaux usées ou pluviales même s'ils aménagent quasiment sur chaque avenue des rigoles aux abords et fonds non revêtus par le béton et la pierre.

Outre ce mode de gestion des eaux d'assainissement, beaucoup de citadins « makalois » pour la plupart déversent leurs eaux ménagères dans la rue (58 % des cas étudiés), dans la cour de la parcelle (15 %) ou dans la rivière (11 %) lorsqu'elle est à proximité de la maison, etc. C'est pourquoi à Makala, l'eau stagne presque de partout et la situation s'aggrave davantage dans les quartiers où le sol est marécageux comme Bolima, Mikasi, Bahumbu… Pendant la saison des pluies (début septembre à fin mai) la cité donne l'impression d'avoir été bâtie sur une mare. Quelques habitants ont installé des gouttières dont le tuyau évacue l'eau dans la rue au lieu de la laisser couler dans un tonneau ou dans une citerne : gaspillage d'énergie et destruction du sol. Quant au réseau de tout-à-l'égout, il est complétement inexistant.

En plus de la gestion des eaux ménagères, l'élimination des excrétas pose encore un autre problème, pas de moindre. Les habitants de Makala comme ceux de la plupart des quartiers populeux recourent souvent, pour l'évacuation des matières fécales, à deux pratiques d'assainissement courantes : la fosse d'aisance et la fosse septique. La première est généralement faite au moyen d'un fût sans fond enfoui dans le sol ; c'est « la latrine à fosse simple » que les kinois ont baptisée du nom de « coup direct ». La seconde est installée de manière à collecter et liquéfier les excrétas contenus dans les eaux usées. Cette dernière est plus avantageuse que la première car elle se remplit moins vite et nécessite peu de vidange.

Toilette avec fosse septique au quartier Bolima à Makala

Toilette avec fosse d'aisance à Makala

Toilette avec fosse d'aisance et douche en sac a Makala

Toilette extérieure en matériaux durables avec chasse au quartier Bolima à Makala

Pour être durable, la fosse septique est souvent soutenue par une construction bétonnée. L'enquête s'est intéressée à la présence ou l'absence d'une toilette (fosse d'aisance ou fosse septique) et son état dans chaque parcelle visitée. Le tableau ci-dessous illustre l'état de salubrité des toilettes de Makala.

Tableau n° 13 : Présence et qualité des toilettes à Makala par quartiers

N°	QUARTIERS	QUALITE DES TOILETTES				NOMBRE TOTAL
		EXCELLENTE	BONNE	ASSEZ BONNE	MEDI OCRE	
1	BAGATA	-	2	8	24	34 sur 36
2	BAHUMBU	-	3	5	7	15 sur 20
3	BOLIMA	-	4	4	10	18 sur 20
4	KABILA	-	1	5	10	16 sur 16
5	KISANTU	1	2	5	8	16 sur 16
6	KWANGO	-	2	2	12	16 sur 16
7	LEMBA VILLA.	-	6	3	3	12 sur 12
8	MABULU I	-	3	4	23	30 sur 32
9	MABULU II	-	6	8	9	23 sur 28
10	MALALA	-	5	7	26	38 sur 40
11	MAWANGA	2	1	10	7	20 sur 20
12	MFIDI	-	5	4	7	16 sur 16
13	MIKASI	1	4	9	6	20 sur 20
14	SALONGO	-	3	11	6	20 sur 20
15	SELO	-	6	5	9	20 sur 20
16	TAMPA	-	7	6	19	32 sur 32
17	UELE	1	6	5	4	16 sur 16
18	WAMBA	-	6	5	9	20 sur 20
	TOTAL	5	72	106	199	382 sur 400
	%	1	19	28	52	96

Source : Enquête sur le terrain, juillet 2019

La commune de Makala, d'après le tableau ci-dessus, est suffisamment pourvue de toilettes qu'elles soient en fosse septique ou en fosse d'aisance (96 % des cas enregistrés). Cependant, il se pose le problème de leur qualité :

– Une toilette de **bonne qualité** est généralement une fosse septique ou une latrine à eau propre et entretenue, qui est faite en matériaux durables, munie d'une toiture et d'une porte, dont les excréments ne débordent pas la fosse bétonnée, et qui est placée à un coin discret de la cour ou à l'intérieur d'une maison. Les toilettes de cette qualité à Makala représentent 19 % de l'ensemble des cas étudiés et elles sont toutes extérieures. Elles se rencontrent dans chaque quartier mais à un nombre infime.

– Les toilettes de **qualité assez bonne** sont comme des toilettes de bonne qualité mais à la différence de celles-ci, elles présentent quelques défauts mineurs : manque de porte ou de toiture, défaillance dans la construction de la dalle, absence de cuve confortable, obscurité, etc. Elles font souvent l'état d'un manque de soins ou d'entretien de la part des usagers. Elles représentent 28 % des cas observés

– Les toilettes de **qualité médiocre** sont surtout des fosses d'aisance non bétonnées ni blindées par un fût, protégées tout autour par des matériaux de récupération (sacs, bâches, bâtons, tôles…) ; ce sont des toilettes de fortune avec des défauts plus graves que ceux énumérés ci-dessus : des latrines ouvertes, pleines ou déclarées « hors d'usage » malgré l'utilisation qu'en font les habitants. Ces toilettes dominent numériquement les autres de Makala (52 % des toilettes étudiées). La plupart sont faites des fosses d'aisance. On les rencontre dans tous les quartiers de Makala mais en proportion élevée à Bagata, Mabulu I, Malala et Tampa.

– Les toilettes de **qualité excellente** sont des latrines (avec chasse à eau) modernes (trouvées en bon état), généralement à l'intérieur de l'habitation, dotées d'un confort et d'un soin exceptionnels (carrelage des murs, pavement du sol, lavabo et autres accessoires de luxe). Ces toilettes sont très rares dans les parcelles résidentielles de Makala (1 % seulement).

Qu'elles soient construites en fosse d'aisance ou en fosse septique, ces toilettes, une fois remplies, sont souvent vidangées par les camions vidangeurs. Dans les quartiers inaccessibles aux véhicules (tels que Bagata, Mabulu I, une partie de Mfidi et de Malala ...) la vidange se fait souvent manuellement par des prestataires déchets ou par les habitants eux-mêmes quand ils n'ont pas suffisamment de moyens financiers. Dans le cas de vidange manuelle, les matières fécales retirées de la fosse sont souvent enterrées de nouveau dans un trou creusé pudiquement dans un coin de la parcelle. Ce trou ne sera plus utilisé plus tard pour la même besogne. Mais on pourra y cultiver un arbre fruitier ou un potager. Le tableau ci-dessous illustre bien quelques modes d'évacuation des excrétas auxquels recourent la majorité des habitants de Makala.

Tableau n° 14 : Quelques modes d'évacuation des matières fécales à Makala

N°	MODES D'EVACUATION DES MATIERES FECALES	NOMBRE DE REPONSES	PROPORTION EN %
1	Location d'un véhicule de vidange	**56**	**15**
2	Recours à une main d'œuvre extérieure (prestataires déchets)	**138**	**36**
3	Vidange manuelle et enfouissement dans la cour	**169**	**44**
4	Rejet dans un cour d'eau proche	**19**	**5**
	TOTAL	**382**	**100,00**

Source : enquête sur le terrain, juillet 2019

La commune, étant enclavée dans la grande partie de son territoire, n'offre guère aux véhicules vidangeurs la possibilité de circuler et d'assurer partout le service d'assainissement. Seulement 15 % de la population recourent à leurs services.

Aussi, deux pratiques d'élimination des matières excrémentielles dominent-elles à Makala ; prises dans leur ensemble elles représentent 80 % ; il s'agit d'abord de la vidange manuelle et enfouissement des excrétas dans un coin de la cour, et ensuite du recours à une main d'œuvre extérieure (au service des prestataires déchets souvent ambulants).

En dehors de l'élimination des matières excrémentielles, il se pose aussi le problème de l'évacuation des eaux usées provenant de douches. Le tableau ci-dessous nous en donnent quelques indications.

Tableau n° 15 : Présence et qualité des douches à Makala par quartiers

N°	QUARTIERS	QUALITE DES DOUCHES				NOMBRE TOTAL
		EXCELLENTE	BONNE	ASSEZ BONNE	MEDIOCRE	
1	BAGATA	-	-	10	24	34 sur 36
2	BAHUMBU	-	3	5	7	15 sur 20
3	BOLIMA	-	4	6	9	19 sur 20
4	KABILA	-	1	10	3	14 sur 16
5	KISANTU	1	1	6	8	16 sur 16
6	KWANGO	-	3	11	2	16 sur 16
7	LEMBA VILLA.	-	6	4	2	12 sur 12
8	MABULU I	-	2	5	24	31 sur 32
9	MABULU II	-	5	7	11	23 sur 28
10	MALALA	-	5	11	22	38 sur 40
11	MAWANGA	2	1	15	2	20 sur 20
12	MFIDI	-	5	5	6	16 sur 16
13	MIKASI	1	4	8	7	20 sur 20
14	SALONGO	-	3	13	4	20 sur 20
15	SELO	-	4	12	4	20 sur 20
16	TAMPA	-	6	10	16	32 sur 32
17	UELE	1	7	4	4	16 sur 16
18	WAMBA	-	6	10	4	20 sur 20
	TOTAL	5	66	152	159	382 sur 400
	%	1	17	40	42	100

Source : Enquête sur le terrain, juillet 2019

Outre les toilettes, les douches demeurent aussi une autre source non négligeable des eaux usées mal évacuées à Makala. Sur 400 parcelles enquêtées, 382 soit 96 % possèdent une douche ; la plupart des douches (99 %) sont extérieures c'est-à-dire dans la cour contre (1 %) à l'intérieur de la maison. De toutes ces douches visitées, les unes (18 % seulement) sont viables, les autres (82 %), d'une qualité peu viable ou médiocre, déversent pour la plupart leurs eaux (usées) dans la rue ou dans la cour et contribuent à l'insalubrité des quartiers de Makala. Les parcelles qui manquent de douches partagent celles de leurs voisins.

Somme toute, il importe de rappeler que l'élimination manuelle des excréments humains au moyen d'un seau, les latrines ouvertes (par exemple ici le rejet des selles dans une rivière proche de lieux d'habitation) font partie de systèmes d'assainissement non acceptables selon l'OMS (Organisation Mondiale de la Santé). L'Etat congolais semble ignorer pour la population de Makala **le droit à l'assainissement** qui demeure aussi bien un enjeu sanitaire qu'un enjeu de la dignité humaine. Ce droit consiste à « assurer à tous l'accès à des installations d'assainissement salubres, accessibles, de qualité acceptable et d'un coût abordable dans les habitations et les institutions publiques (établissements d'enseignement, hôpitaux et lieux de travail, notamment), ou à proximité de ces dernières » ONU (2004).[64] Ce droit est encore réaffirmé par le Objectif n°6 des Objectifs de Développement Durable (ODD pour 2030) : *« Garantir l'accès de tous (100 %) à l'eau et à l'assainissement et assurer une gestion durable des ressources en eau. »*

---

[64] On lira avec intérêt le cours d'Evelyne LYONS sur *La gestion des services d'eau et d'assainissement* dispensé au Master 2 PEMDD

L'eau, une mine d'or au quartier Bahumbu à Makala

§ 3. L'ANALYSE DES FACTEURS LIES A LA CRISE ECOLOGIQUE

Lorsqu'on analyse le processus d'urbanisation et les problèmes écologiques qui en découlent dans une zone d'habitat spontané, il importe d'interroger ces trois facteurs :

- Le niveau socio-économique ;
- La croissance démographique ;
- La gestion spatiale du citadin.

3.1. Le niveau socio-économique

La grande majorité des habitants de la zone d'Extensions Sud, notamment Makala, sont pauvres. Pour beaucoup d'ailleurs, leur présence dans cette zone explique l'état de vie qu'ils mènent ou mieux constitue le reflet de leur situation sociale. Le commun de kinois sait que c'est un quartier que la bourgeoisie locale n'envie pas assez. Avec la dégradation générale du tissus économique en RD Congo et particulièrement en milieux urbains, les besoins de la population de Makala ne cessent d'augmenter, et les satisfactions de baisser.

Cette dégradation du niveau de vie se révèle parfois comme étant à la fois cause et objet de la crise écologique urbaine. Celle-ci trouve depuis longtemps ses racines dans l'occupation anarchique du site et explique aussi le comportement répréhensible du citadin dans la maîtrise de son environnement.

Le tableau n° 3 dégageait l'opinion de certains habitants de Makala exerçant un métier ou une profession salariée à propos de leur revenu mensuel face aux besoins d'ordre écologique notamment l'assainissement parcellaire.

Un grand nombre des salariés à Makala estiment que leur revenu annuel est insuffisant ou très insuffisant pour aménager et assainir correctement la parcelle (80 % des travailleurs). Alors que la minorité le juge suffisant (20 % des travailleurs). Beaucoup de ces salariés sont butés d'abord contre la recherche de satisfaire leurs besoins primaires avant de chercher à répondre à d'autre types de besoins.

En dehors de ceux qui exercent une activité professionnelle (64 %), il y a aussi la présence de ceux qui n'ont pas de revenu (36 %) ; ce manque à gagner a également un impact sur la crise écologique urbaine car ils ne sont pas à même de bien se prendre en charge : la crise de l'environnement fait route ensemble avec la misère.

3.2. La croissance démographique

Le facteur démographique ne peut être dissocié des

problèmes écologiques que connait (ou a connus) l'urbanisation de la commune de Makala. En effet, l'examen de quelques traits caractéristiques de la population de cette cité lui donne le profil d'une population d'immigrants. Cette tendance s'est manifestée par la prédominance masculine dans le sex ratio et par sa disparition progressive aujourd'hui suite à la sédentarisation de plusieurs ménages. De ce fait, l'occupation rapide et presque désordonnée du site par les immigrants ruraux à l'aube de l'indépendance explique encore aujourd'hui l'état de crise qui frappe son environnement et qui s'aggrave de plus en plus avec l'accroissement de la population.

En 1984, la population totale de Makala, d'après *le Recensement scientifique*, s'élevait à environ 108.939 habitants avec une densité de 19.453 habitants par km^2. En 1995, onze ans après, elle atteint 127.938 habitants avec une densité de 22.846 habitants. Aujourd'hui (2018), elle est estimée à 250.611 habitants. Par rapport à l'année 2017 où 240.245 habitants ont été recensés, il y a une augmentation de 10.3661 habitants soit un taux de croissance de 4 %.

Même si l'augmentation de la population entre ces différentes années n'est pas souvent perceptible à l'œil mais le solde supplémentaire de la population (plus de 10.000 habitants) qui s'ajoute chaque année à l'ancienne taille pèsera toujours de son poids sur l'environnement par l'occupation inévitable du site, ses changements des modes de gestion de l'espace, etc.

3.3. Le mode d'organisation de l'espace par le citadin

L'état de l'environnement urbain ne dépend pas que des facteurs socio-économiques et démographiques. En effet, la manière dont le citadin gère l'espace en détermine la qualité.

Ce sont des cas de pratiques populaires d'assainissement auxquelles il faut apporter des corrections ou même des changements profonds. Par exemple, l'évacuation des eaux usées sur la rue ou encore leur déversement dans des rigoles non aménagées est une pratique à combattre car elle présente beaucoup de risques de morbidité avec les eaux stagnantes, biotope des vecteurs, la pollution des eaux de surface ou souterraines, surtout s'il y a la présence des matières excrémentielles.

Les pratiques populaires d'assainissement mises en œuvre dans la commune de Makala ne sont pas toutes à rejeter quand bien même certaines sont répréhensibles. Il y a du moins celles que l'on peut récupérer dans le cadre de l'organisation d'une ville africaine, une « Afrikaville » pour emprunter le vocable du Prof Francis Lelo Nzuzi.

Un autre exemple de récupération d'une pratique d'assainissement populaire est celui de l'enfouissement des ordures ménagères dans un puits qui une fois rempli servira de potage. Cette technique permet d'enrichir le sol en matière organique et d'améliorer le rendement des pratiques horticoles ou des cultures maraichères. C'est une manière de faire le compostage et d'éviter le pire si à Makala chez soi comme dans la rue, on refuse de reste en marge de l'économie circulaire. C'est le rôle que devrait jouer les mouvements associatifs des jeunes et les ONG devant l'irresponsabilité flagrante de l'Etat qui au lieu de chercher le bien-être de la population rend encore plus pesant son fardeau (tracasseries, taxation arbitraire, etc.). Malheureusement à Makala ils sont quasi inexistants et leur impact sur l'éveil social semble imperceptible !

§ 3 LA CARTOGRAPHIE DES ACTEURS CONCERNES PAR LA CRISE ECOLOGIQUE DE MAKALA ET L'EVALUATION DE LEUR ROLE

C'est depuis 1968 que la cité de Makala a été officiellement élevée au rang de commune urbaine de la ville-province de Kinshasa ; cela fait aujourd'hui 5 décennies révolues. Mais la commune de Makala reste toujours sous-développée et ses problèmes aussi bien socio-économiques qu'écologiques donnent l'impression d'aller de mal en pis. Manque d'infrastructures de base, pas de routes bitumées, pas de systèmes d'assainissement collectif ! Enclavement quasi-total de l'ensemble de quartiers ! Carence en énergie électrique ! Pénurie d'eau potable, etc.

Makala ne semble pas attirer le regard bienveillant des pouvoirs publics dont dépend en grande partie la résolution de sa crise environnementale, surtout sur le plan financier, juridique et institutionnel. Les inégalités sociales entre les citadins du centre-ville et ceux de la périphérie urbaine[65] apparaissent ici au grand jour.

Les mouvements associatifs des jeunes et les ONG sont quasiment non opérationnels sur le terrain si bien que leur impact apparait souvent insignifiant, une goutte d'eau dans l'océan.

Tout repose alors sur l'initiative privée de la population, sur l'inventivité populaire face aux enjeux même du développement durable notamment « garantir l'accès de tous à l'eau et à l'assainissement et assurer une

---

[65] LELO NZUZI, Francis, ROCHEFORT, Michel (2000) *Le défi urbain dans les pays du Sud*, Paris, L'Harmattan (Coll. « Géographie en liberté »), 184 p. (Cahiers de géographie du Québec, 46 (127), 121–122. https://doi.org/10.7202/023035ar

gestion durable des ressources en eau »[66].

Aussi, convient-il de dresser une cartographie de principales parties prenantes qui de loin ou de près peuvent exercer une certaine influence dans la résolution des questions écologiques de la commune de Makala en vue de cibler le rôle de chacune et de déterminer pour chacune le rapport de force et/ou de faiblesse. Parmi les principaux acteurs, il importe de citer : l'Etat ou les pouvoirs publics, les mouvements associatifs et les ONG de développement ainsi que la population locale sans oublier l'Eglise Catholique et d'autres confessions religieuses.

3.1. Le rôle des pouvoirs publics

C'est à l'Etat que revient la mission fondamentale de l'organisation et de la gestion de la cité ; c'est à ce titre qu'il est appelé à rechercher, dans l'exercice de ses droits et prérogatives, l'intérêt de tous, le bien commun. En tant qu'acteur public, il lui revient d'assurer la réglementation, la justice et la fiscalité en matière environnementale suivant une organisation centralisée ou déconcentrée (le ministère de l'environnement) ou une organisation décentralisée (la province, le territoire, la commune, …).

Globalement, à travers le monde, il est un devoir pour les pouvoirs publics de réaliser trois missions fondamentales à savoir : le maintien de l'ordre social, l'organisation des services publics et la prise en charge du développement économique et social de la nation. Cette triple mission des pouvoirs publics, aussi bien au niveau

---

[66] GROUPE DE LA BANQUE MONDIALE, *Atlas des Objectifs de Développement Durable. Des Indicateurs du développement dans le monde 2018*, Washington D.C, B.M, 2018, p. 22

central qu'au niveau décentralisé, est en souffrance à Makala si bien que la population juge négatif l'impact de l'Etat sur la gestion de la cité en général et sur les questions de l'environnement en particulier. Notre enquête sur le terrain rend bien compte de l'irresponsabilité et de l'indifférence de l'administration locale (la commune) et du pouvoir central (le ministère de l'environnement) face aux préoccupations des populations délaissées de Makala.

La maison communale de Makala

Tableau n° 16 : Opinion publique sur l'implication de la commune et/ou des pouvoirs publics dans la résolution des problèmes d'assainissement à Makala

N°	OPINION DE LA POPULATION	NOMBRE DE REPONSES	PROPORTION EN %
1	Impact visible et positif	16	4
2	Impact non visible	90	22
3	Impact négatif	211	53
4	Indifférence	72	18
5	Le laisser-faire	11	3
	TOTAL	**400**	**100**

Source : Enquête sur le terrain, juillet 2019

Dans la population de Makala, c'est une infime minorité (4 % seulement des personnes enquêtées) qui arrive à percevoir le rôle positif de l'Etat dans la résolution des problèmes d'assainissement de la cité contre 96 % qui se plaignent de la défaillance de l'Etat et de l'abandon de sa mission de prise en charge du développement des entités locales. Ce constat amer d'un Etat irresponsable s'observe sur tous les secteurs de la vie économique et sur toute l'étendue de la RD Congo, dans la capitale comme dans les provinces. La crise socio-politique et économique de la RD Congo que d'aucuns ont qualifiée de « mal zaïrois »[67] a commencé à prendre ses racines depuis la 2ème République sous le régime dictatorial du Maréchal Mobutu (1965-1997) et s'est perpétuée durant les deux mandats présidentiels de Joseph Kabila (2001-2019).

La dotation d'une commune comme Makala d'un système d'assainissement collectif est fort onéreuse et ne peut que s'inscrire dans une vaste politique d'aménagement et de restructuration du capital urbain. Mais comment peut-on compter sur un Etat qui, « lui s'obstine dans la prédation, institutionnalise la corruption, dénie tout engagement au service du bien-être commun. Le pays d'Afrique disposant

---

[67] On lira avec intérêt :

- BOISSONNADE, Euloge, *Le Mal zaïrois*, Paris, Editions Hermé, 1990, 511 p. qui relate la saga de la RD Congo depuis la Conférence de Berlin (1885) jusqu'à l'ère de la « démocratisation du pays » en 1990 autour des controverses liées à l'exploitation des gisements d'uranium, de cobalt, de cuivre et d'or ;
- MAYOLA MAVUNZA, Lwanga, *« Mal » Zaïrois et culture managériale : pour un patriotisme du développement partagé*, Kinshasa, Sciences et discursivité, 1997 ;
- NUMENGI, Didier, *Le mal zaïrois. Les trente ans de dictature du Maréchal Mobutu* in *Le Monde diplomatique* n° 11, novembre 1995

du plus grand potentiel de développement est ainsi un des plus pauvres de la planète : un revenu annuel par habitant de 100 dollars, quand la Banque mondiale fixe la limite de la pauvreté à 370 dollars »[68]. La RD Congo est un pays de paradoxe et de fortes inégalités sociales ; les richesses et les ressources naturelles dont regorgent son sol et son sous-sol associées à une mauvaise gouvernance des politiques fiscales servent à nourrir la minorité que forme la classe politique congolaise au détriment de la majorité que représente la population, la nation tout entière.

L'Etat congolais a eu le mérite d'avoir mis sur pied des dispositions légales et réglementaires en matière environnementale. En RD Congo, « c'est en 1975 qu'une politique de gestion de l'environnement a été mise sur pied par la création du Ministère de l'environnement. Des lois et divers textes règlementaires ont suivi et seront à l'origine en 1981 de la naissance en 1981 de la naissance du Service National d'Assainissement (SNA). Et par Arrêté Ministériel n°014/DECNT/CCE/81, il sera institué un Programme National d'Assainissement (PNA) dont le principal objectif sera de résoudre les problèmes des déchets. Quelques années après, plus précisément en 1987, interviendra la création de l'Office des voiries et drainage (OVD) »[69]. A ces deux structures publiques chargées d'assainissement, il importe d'ajouter la Régie d'Assainissement et des Travaux Publics de Kinshasa (RATPK) créée par l'arrêté n° SC/178/BGV/MINPR/COJU/PLS/2008 du 7/08/2008. Parmi ses objectifs figurent les souhaits d'atteindre

---

[68] NUMENGI, Didier, op.cit, p. 20 https://www.monde-diplomatique.fr/1995/11/NUMENGI/6785 site consulté le 23/08/2019.

[69] MAKAMBO, Mafelly Mafelly (Prof), *op. cit.*, p. 86

rapidement un seuil de salubrité publique qui soit acceptable et durable pour toutes les toutes les communes urbaines de Kinshasa, de mobiliser les populations et le secteur privé dans l'effort de propreté publique au niveau des quartiers et des communes et de responsabiliser l'Etat dans le montage et la gestion de ce projet en prenant pour partenaire le secteur privé tant local qu'international.[70]

Plusieurs protocoles d'accords ont été signés entre l'Hôtel de ville de Kinshasa et quelques entreprises privées œuvrant le secteur de l'assainissement urbain à Kinshasa entre autres avec la Société Poubelkin pour la gestion intégrée des ordures, avec la Société Congo Salubrité pour le ramassage et le recyclage des déchets après la consommation, avec la Société Keveluc pour le ramassage des déchets ménagers à travers la capitale, avec la Société Miss Propre pour la revalorisation des déchets et le compostage, avec l'entreprise GTR (Gestion, Traitement et Recyclage) en 2013 pour le recyclage des bouteilles en plastiques ramassées à travers les 24 communes de Kinshasa, avec l'Union européenne dans le cadre du Projet d'Entretien et de Réhabilitation de l'Assainissement Urbain à Kinshasa (PARAU).

En août 2016, l'Hôtel de ville de Kinshasa crée une structure portant organisation et fonctionnement des fonds alloués pour l'assainissement et la protection de l'environnement de la ville-province de Kinshasa : le FONAK (le Fonds d'Assainissement de Kinshasa). Alors que deux auparavant, en août 2014, le Gouvernement provincial de Kinshasa publiait en collaboration avec un groupe d'experts son ambitieux SOSAK (Schéma

---

[70] *Idem*, p. 98

d'Orientation Stratégique de l'Agglomération Kinoise).

SOSAK, c'est « un document qui présente, à l'échelle de l'agglomération, les grandes orientations d'urbanisme et d'aménagement du territoire, dans la perspective d'un développement durable et dans le cadre d'un projet stratégique d'aménagement et de développement, pour un horizon de 15 ans »[71]. Il poursuit huit orientations stratégiques[72] pour le développement urbain de Kinshasa à l'horizon 2030 :

1) Etendre le maillage de voirie pour désenclaver la ville et ses quartiers ;

2) Développer le transport en commun autour d'axes lourds structurants et organiser l'articulation des différents moyens de transport (multimodalité) ;

3) Désengorger le centre-ville et proposer d'autres pôles d'activités et de commerces spécialisés et équipés ;

4) Anticiper les extensions de la ville en reprenant le contrôle sur les procédures d'aménagement ;

5) **Mettre à niveau les quartiers existants sous équipés et enclavés** ;

6) **Penser à une autre échelle les infrastructures et les équipements pour renforcer la fonction métropole ;**

7) **Réconcilier la ville avec son environnement naturel et son passé : le fleuve, les cours d'eau, les**

---

[71] REPUBLIQUE DEMOCRATIQUE DU CONGO - GOUVERNEMENT PROVINCIAL DE KINSHASA, *SOSAK. Schéma d'Orientation Stratégique de l'Agglomération Kinoise et Plan Particulier d'Aménagement de la Zone Nord de la Ville. SOSAK DEFINITIF - S4* Groupe HUIT ARTER, août 2014, p. 18 cf. https://docs.wixstatic.com consulté le 24/08/2019.

[72] *Idem*, p. 12-13 cf. 18 cf. https://docs.wixstatic.com consulté le 24/08/2019.

collines ;

8) Promouvoir la spécificité de Kinshasa aux échelles nationale et internationale : ville d'art et de culture.

Pour la réaliser ce projet, le total des investissements nécessaires serait estimé à près de 4,7 milliards de USD, soit une moyenne d'environ 300 millions USD par an sur 15 ans.

C'est très beau tous ces projets et services des pouvoirs publics réalisés seuls ou en partenariat avec les acteurs du secteur privé. C'est dommage qu'aucun d'entre eux n'ait porté sur les zones d'extension ou sur les quartiers pauvres de Kinshasa comme Makala et ses voisins. On n'a jamais vu PNA, RATPK, Poubelkin … ramasser des ordures à Makala. Les orientations 5, 6 et 7 (mises en gras) du SOSAK auraient pu déjà s'appliquer à Makala ou dans d'autres zones excentriques de Kinshasa. Voilà 5 ans passés, les huit orientations du SOSAK demeurent encore des vœux pieux pour les populations des quartiers pauvres, sous équipés et enclavés. Avec la défaillance de l'Etat, elles peuvent trouver un appui auprès des mouvements associatifs ou des ONG.

3.2. Le rôle des mouvements associatifs ou des ONG

Notre enquête sur le terrain auprès des populations de Makala nous révèle que très peu de mouvements associatifs et d'ONG existent et opèrent dans la commune de Makala. Il devient alors difficile d'évaluer positivement l'impact d'une organisation dont l'existence ne semble pas perceptible. Le tableau ci-dessous indique le niveau d'impact des mouvements associatifs et des organismes non gouvernementaux dans la recherche des solutions aux questions écologiques des makalois.

Tableau n° 17 : Renseignements sur la présence des mouvements associatifs à Makala

N°	AFFIRMATIONS	NOMBRE DE PERSONNES	PROPORTION EN %
1	Reconnaissent la présence des mouvements associatifs/ONG	78	20
2	Ne reconnaissent pas la présence des mouvements associatifs/ONG	322	80
	TOTAL	**400**	**100**

Source : Enquête sur le terrain, juillet 2019

La grande majorité de la population de Makala (80 %) ne reconnaissent pas la présence des mouvements associatifs et des ONG dans leurs cités. Et pourtant, en 2006, il avait été signé un partenariat entre le Programme National d'Assainissement et la Fédération des Organisations Non Gouvernementales Laïques à vocation Economique au Congo (FOLECO) ; celle-ci fournissait les ordures et le PNA s'en occupait pour l'évacuation. Leurs activités ne se sont limitées que dans les quartiers de quelques communes seulement : Limete, Ngiri-Ngiri et Kalamu. Makala, victime des inégalités sociales, n'en a guère tiré profit.

Le centre de santé d'une ONG au quartier Bagata à Makala

Affiche d'un mouvement associatif des jeunes Makalois

Certains quartiers comme Bolima, Kwango, Mawanga, M'fidi et Uélé n'ont jamais entendu parler de mouvements associatifs ni d'ONG. Mais on en entend souvent parler (20 % de la population interrogée) à Salongo (surtout), Selo,

Tampa, Bagata, et Mikasi. On a pu rencontrer à Salongo et à Selo l'Association des Amis de Bonne Manière (ASABM), à Tampa la Fondation Ferdinand Mosingwa, à Wamba la Dynamique Des Jeunes Congolais (DDJC), à Bagata l'Association Sans But Lucratif « Action pour le Développement Communautaire Urbano-Rural » (ADECUR) et l'ONG « Foko-Foko », initiatrice d'un forage, et à Mikasi l'asbl « Action des Moralistes pour le Développement Communautaire (AMODEC) ». Il importe quand même d'évaluer leur implication dans la résolution des problèmes d'environnement dans les quartiers.

Tableau 18 : Implication des mouvements associatifs et des ONG dans la gestion de l'environnement à Makala

N°	OPINION DE LA POPULATION	NOMBRE DE REPONSES	PROPORTION EN %
1	Impact visible et positif	57	73
2	Impact non visible	14	18
3	Impact négatif	7	9
	TOTAL	**78**	**100**

Source : Enquête sur le terrain, juillet 2019

La minorité de personnes qui connaissent les mouvements associatifs et les ONG en reconnaissent un rôle visible et positif (73 %). Ils ne sont pas connus à cause de leur petit nombre face à l'immensité de la cité et de l'ampleur de problèmes à traiter. Avec un grand nombre de mouvements associatifs et d'ONG sur le terrain, la population pourrait être bien sensibilisée et mobilisée pour la prise en main de son écosystème et de son espace vital (avec les opérations d'assainissement dites « Kin propre » ou « Salongo » tous les week-end). Ce rôle de sensibilisation du peuple est aussi assuré par l'Eglise (ses 4 paroisses catholiques : Saint-Matthias, Sainte-Christine, Sainte-Claire, et Saint-Clément) et d'autres confessions religieuses (environ 315 cf. les annexes Tableau II Statistique des parcelles à Makala 2018).

3.3. Le rôle de la population : incurie ou ignorance ?

Dans notre analyse des facteurs liés à la crise écologique, nous avons épinglé les modes de gestion du capital urbain par les citadins eux-mêmes et nous en avons relevé quelques points forts et quelques faiblesses. Cette population, quoiqu'économiquement pauvre et politiquement délaissée, a aussi une part de responsabilité, et pas de moindre dans la prise en charge de son environnement.

Insalubrité a Makala : incurie ou ignorance de la population ?

En effet, en analysant de près la manière dont les « makalois » gèrent au quotidien leur « biotope », il y a lieu d'affirmer que l'incurie et l'ignorance se sont embrassées et bien installées dans leur mode de vie. A Makala comme dans d'autres zones d'extensions tout se jette dans la rue : les déchets plastiques, les ordures ménagères, les eaux pluviales des gouttières, les eaux usées des douches, des cuisines et même des toilettes ! La rue, c'est la poubelle ! La rivière, c'est la grande poubelle, la décharge publique ! Les personnes qui viennent des villages sont surprises de voir l'incurie dans laquelle vivent les kinois qui, produisant les déchets[73], ont du mal à « apprivoiser » l'espace urbain, avec ou sans la présence des services publics ou privés d'assainissement. Il y a donc nécessité d'un encadrement et d'une éducation mésologique au niveau provincial et municipal. Cette sensibilisation porterait sur :

– La lutte contre l'insalubrité populaire dans ses multiples formes ;

– Les stratégies de réduction des déchets ménagers et assimilés (DMA) ;

– Les techniques de gestion des DMA (tri, recyclage et compostage) et d'élimination des effluents liquides (eaux usées, pluviales et excrémentielles) ;

– Les techniques anti-érosives (couverture végétale, collecteurs, noues, etc.) ; etc.

C'est le rôle que doivent jouer en principe les pouvoirs publics avant de mettre en œuvre les projets relatifs à l'assainissement urbain, seuls ou en partenariat avec le secteur privé.

---

[73] NOTE : Selon le Prof Mafelly Mafelly Makambo, la production des déchets ménagers et assimilés sur l'ensemble de communes de Kinshasa est estimée à 5.200 tonnes par jour, avec un taux moyen de 0,55 kg par habitant.

Conclusion générale

L'urbanisation est aujourd'hui un phénomène mondial. L'avenir du monde se jouera sans aucun doute dans les villes puisque leur nombre et leur population ne cessent d'accroître depuis ces dernières décennies.

Cependant, le défi que ce processus doit relever, c'est d'apporter aux hommes et aux femmes des conditions de vie les meilleures qui soient. En effet, dans le monde, on estime à plus 600 millions près le nombre de citations non capables de satisfaire leurs besoins essentiels. Les villes participent, certes, considérablement au relèvement de l'activité économique en générant 60 à 80 % du PNB des pays en développement et accélèrent aussi le rythme de la transformation sociale. Toutefois leur apparition et leur développement parallèles à la croissance des populations se sont accompagnés, à l'échelle mondiale, de crises diverses : économique, alimentaire, socio-culturelle, et surtout environnementale.

Le phénomène urbain s'affirme ainsi différemment dans les pays industrialisés que dans les pays en développement. Dans les premiers, il a favorisé, d'une façon générale, le processus de « rurbanisation » en exportant presque les avantages de la ville à la campagne. Dans les seconds, la coexistence de modes de vie très différents a créé une rupture quasi nette entre le monde rural et le monde urbain. Avec les multiples questions sans réponses qu'elle pose, l'urbanisation y a été souvent chaotique.

Kinshasa, une des grandes métropoles africaines, n'a pas connu une urbanisation sans défis majeurs.

En effet, à son processus d'urbanisation est associé la naissance de « zones d'habitat spontané » depuis l'aube de l'Independence du pays. Cette croissance urbaine spontanée, objet des remises en question de plusieurs plans d'aménagement urbain a bouleversé irréversiblement la morphologie et la structure urbaine de la capitale congolaise. Elle a aussi engendré la crise tant économique qu'écologique dont les manifestations principales sont notamment la destruction du couvert végétal, la dégradation du sol par l'érosion d'origine aussi bien anthropique que torrentielle, la pénurie en eau potable, la pollution de l'air et des eaux, la mauvaise gestion des ordures ménagères entre autres le plastique, etc. Ces problèmes ont des conséquences lourdes sur la santé des habitants de la zone d'extensions Sud de Kinshasa : Makala, Bumbu, Ngaba et Selembao. C'est sur cette zone d'habitat que nous avons consacré l'essentiel de notre recherche.

A Makala, la crise écologique est tellement évidente qu'il nous a semblé utile d'étudier les facteurs qui en expliquent la naissance. Parmi ces facteurs il y a :

- Le niveau socio-économique ;
- La croissance démographique
- Le mode de gestion spatiale du citadin

Concernant le premier facteur, l'étude révèle la paupérisation quasi générale qui se crée dans cette cité avec la poussée urbaine toujours accentuée. Aussi longtemps que la pauvreté n'est pas encore éradiquée dans la grande majorité de la population, la dégradation de l'environnement demeurera toujours. Par manque des moyens financiers, une partie importante de la population de Makala n'a pas facilement accès à l'eau potable, ne réussit pas à combattre efficacement l'érosion et à se doter de réseaux modernes de voirie et de drainage pour une bonne évacuation des eaux usées et pluviales. Ainsi les pauvres sont les plus vulnérables de la crise écologique comme l'atteste la commune de Makala.

La croissance démographique a aussi une part importante dans l'explication de cette crise. En effet, après l'Independence, la commune de Makala, à l'instar d'autres zones excentriques de Kinshasa, a été massivement occupée par une population d'immigrants. Cette occupation à la fois anarchique et mal contrôlée s'est accompagnée de graves problèmes écologiques (dévégétalisation, pollution des eaux souterraines et de surface, insalubrité…) dont les manifestations ne sont pas encore effacées aujourd'hui avec l'augmentation générale de la population.

Cet accroissement démographique a aussi engendré non seulement de mentalités nouvelles mais surtout de nouveaux types de comportement urbain. La manière dont les citadins de Makala organisent l'espace urbain est un élément très déterminant dans la détérioration de leur environnement. Face aux problèmes écologiques auxquels ils sont confrontés, les manières de faire qu'ils adoptent sont parfois loin d'être des remèdes efficaces : déversement des immondices et des eaux usées à la rue, déracinement des cultures, installation des puis d'eau à proximité des lieux d'aisance, l'installation des gouttières versant les eaux sur la rue, la vidange manuelle des excrétas et leur rejet dans une rivière proche, etc. Consciemment ou non, ils portent, par leurs actes, préjudice à leur propre environnement.

Pour résoudre la crise écologique urbaine qui frappe les communes d'extensions Sud de Kinshasa en général et la commune de Makala en particulier, nous préconisons un plan d'action avec les orientations suivantes :

1° Tout acteur de développement (pouvoirs publics, organismes ou établissement privés, organisation non gouvernementales…) devra avoir une vision globale et multidimensionnelle des facteurs qui expliquent cette crise. Même s'ils se manifestent à des degrés divers et des manières différentes, ces facteurs présentent néanmoins un caractère indissociable. En effet la croissance démographique et le faible niveau de la vie des citadins peuvent se révéler à la fois comme cause et objet d'un comportement préjudiciable à l'environnement. L'agent de développement devra ainsi tenir compte de gestes et faits même les plus anodins dans la gestion de son espace. De ce fait, il pourra récupérer et vulgariser, pour les besoins aussi bien d'assainissement qu'écologiques et esthétiques, certaines pratiques populaires d'assainissement notamment : le recours à la végétalisation (la plantation des arbres fruitiers), le compostage (l'usage horticole des ordures ménagères), etc. Il n'hésitera pas dans certains cas, de réprimer ou de modifier certaines pratiques dues à l'incurie de la population.

2° L'éducation des habitants en matière d'hygiène collective et individuelle, grâce à l'information et à a vulgarisation, occupera dans toute voie de remédiation une place fondamentale. Cette éducation couvrira maintes pratiques d'hygiènes pour la santé tant préventive que curative. Il faudra en outre l'encadrement de la population par les experts sur le choix des terrains à bâtir de manière à éviter d'éventuels risques de glissements de terrains, d'inondation…

3° Concernant les exigences primordiales à initier et à réaliser, quatre prévalent pour l'état de santé et la qualité de vie : l'alimentation suffisance en eau potable, l'assainissement des eaux usées et pluviales, la collecte, le tri et la gestion des déchets et la mise en place d'une protection mixte contre l'érosion (construction des ouvrages d'art dans les différents sites érosifs associée à la végétalisation et construction des caniveaux à section rectangulaire en béton).

Dans ce processus d'amélioration de l'environnement urbain, la participation communautaire est très importante car elle permet d'harmoniser les désirs des uns et des autres. Après tout, une ville n'est-elle pas aussi l'expression culturelle d'un peuple ?

*

* *

Bibliographie sélective

1/ Ouvrages

1. ARSAC, Auguste,
   - *Kinshasa : Plan Local d'Aménagement. Rapport justificatif.* Kinshasa, Mission Française d'Urbanisme, 1967, 91 p.
   - *Kinshasa* : *Rapport justificatif du Schéma Régional d'Urbanisme.* Kinshasa, Mission Française d'Urbanisme, 1967, 45 p.
2. BANQUE MONDIALE, *Rapport sur le développement dans le monde 1992. Le développement et l'environnement.* Washington D.C, Banque Mondiale, 1992, 299 p.
3. BEAUD, Stéphane - WEBER Florence, *Guide de l'enquête de terrain. Produire et analyser des données ethnographiques.* Paris, Editions La Découverte, 2003, 2010, 335 p.
4. BOISSONNADE, Euloge, *Le Mal zaïrois.* Paris, Editions Hermé, 1990, 511 p.
5. CASTELLS, Manuel, *La question urbaine.* Paris, F. Maspero, 1972, 451 p.

6. DE MAXIMY, René, *Kinshasa, ville en suspens. Dynamique de la croissance et problèmes d'urbanisme : étude socio-politique.* Paris, Ed. de l'ORSTOM, 1984, 476 p.
7. DENIS, Jacques, *Le problème urbain en Afrique Centrale.* Bruxelles, A.R.S.C, 1958, 405 p.
8. DEPARTEMENT DES TRAVAUX PUBLICS ET AMENAGEMENTS DU TERRITOIRE (DTPAT) - BUREAU D'ETUDES D'AMENAGEMENT ET D'URBANISME (BEAU),
   - *Kinshasa : croissance urbaine.* Kinshasa, SMUH, 1975, 88 p.
   - *Schéma Directeur d'Aménagement et d'Urbanisme de Kinshasa.* Kinshasa, B.E.A.U, 1976, 44 p.
9. DUCREUX, Maurice, *Croissance démographique, croissance urbaine de Kinshasa.*

Le Caire, Edition et Publication des Pères Jésuites, 1970, 36 p.

10. ELA, Jean-Marc, La ville en Afrique Noire. Paris, Karthala, 1983, 223 p.
11. ENCYCLOPAEDIA UNIVERSALIS, corpus 18
12. GROUPE DE LA BANQUE MONDIALE, *Atlas des Objectifs de Développement Durable. Des indicateurs du développement dans le monde 2018.* Washington D.C, B.M, 2018, 90 p.
13. INSTITUT NATIONAL DE STATISTIQUES (INS),
   - *Etude socio-démographique de Kinshasa 1967. Rapport général.* Kinshasa, I.N.S, 1969, 192 p.
   - *Caractéristiques démographiques. Zaïre/Kinshasa. Recensement scientifique de la population. Juillet 1984. Volume I.* Kinshasa, I.N.S, 1991, 92 p.
14. JACQUEMOT, Pierre, *Le dictionnaire encyclopédique*

du développement durable. Paris, Editions Sciences Humaines, 2017, 717 p.

15. LELO NZUZI, Francis,
    - *Urbanisation et aménagement en Afrique noire,* Paris, C.D.U et SEDES, 1989, 237 p.
    - *Kinshasa. Ville et environnement.* Paris, L'Harmattan, 2008, 282 p.
    - *Kinshasa. Planification et aménagement.* Paris, L'Harmattan, 2011, 387 p.
    - *Les bidonvilles de Kinshasa.* Paris, L'Harmattan, 2018, 268 p.
16. LELO NZUZI, F.- TSHIMANGA MBUYI C., *Pauvreté urbaine à Kinshasa. La Haye, Cordaid, 2004, 167 p.*
17. MAKAMBO, Mafelly Mafelly (Prof), *Insalubrité dans la Ville-Province de Kinshasa. Etat des lieux et piste des* solutions, Kinshasa, Editions Betras, 2019, 176 p.
18. MAYOLA MAVUNZA, Lwanga, *« Mal » Zaïrois et culture managériale : pour un patriotisme du développement partagé,* Kinshasa, Sciences et discursivité, 1997
19. MISSION FRANCAISE D'URBANISME, *Kinshasa 1967.* Kinshasa, M.F.U, 1967, 21 p.
20. NATIONS UNIES, *Colloques sur les effets de l'urbanisation sur l'environnement. 13-20 juin 1970.* New York, Nations-Unies, 1970, 180 p.
21. PAIN, Marc, *Kinshasa. Ecologie et organisation urbaines.* Toulouse, Université de Toulouse Le Mirail, 1979, 476 p.
22. REPUBLIQUE DEMOCRATIQUE DU CONGO – GOUVERNEMENT PROVINCIAL DE KINSHASA, *SOSAK. Schéma d'Orientation Stratégique de l'Agglomération Kinoise et Plan Particulier*

d'Aménagement de la Zone Nord de la Ville. SOSAK DEFINITIF – S4 Groupe HUIT ARTER, août 2014, 309 p.

23. SANTOS, Milton, *Les villes du tiers monde.* Paris, Editions Génin, 1971, 428 p.
24. UNITED NATIONS,
    - *World urbanization Prospects. The 2009 Revision.* New-York, U.N, 2010, 56 p.
    - *The World's Cities in 2016.* New-York, U.N, 2016, 29 p.
25. THIRY, Jean-Pierre, *Théorie sur le phénomène urbain. Analyse critique et matériaux pour une théorie sociologique.* Bruxelles, Imprimerie P. François, 1973, 260 p.

2/ Articles

1. DE POTTER D'INDOYE, François, *Problématique de l'habitat urbain*, in *Zaïre-Afrique* n° 192, 1985, p.67-81
2. DE SAINT MOULIN, Léon, *Aménagement du territoire et projet de société au Zaïre* in *Zaïre-Afrique* n° 200, 1985, p. 583-594
3. HAMER, Andrew, *Les schémas d'urbanisation dans le Tiers-Monde* in *Finances et développement* vol. 22 n° 1, 1985, p. 39-42
4. KAYEMBE Wa KAYEMBE Matthieu, DE MAEYER Mathieu et WOLFF Eléonore, *Cartographie de la croissance urbaine de Kinshasa (R.D. Congo) entre 1995 et 2005 par télédétection satellitaire à haute résolution* in Belgeo, 3-4 | 2009, 439-456.
5. MORICONI-EBRARD, François, *Les 100 plus grandes villes du monde* in *Economie et Statistique* n° 245,

juillet-août 1991, p. 7-18

6. NUMENGI, Didier, *Le mal zaïrois. Les trente ans de dictature du Maréchal Mobutu* in *Le Monde diplomatique* n° 11, novembre 1995
7. OYEBANDE, Lekan, *Les problèmes de l'eau en Afrique in Environnement africain* Dossier spécialisé n° 1, 1976, p. 41-56
8. SHAPIRO, David, *L'urbanisation dans les pays du tiers-monde : le facteur démographique in Analyses sociales* vol. 3 n° 3, 1986, p.42-58
9. WOLFF, Eléonore - DELBART, Virginie, *Extension urbaine et densité de la population à Kinshasa : contribution de la télédétection satellitaire* in *Belgeo (Revue Belge de Géographie)* 1, 2002, p. 45-99

3/ Notes de cours et rapports

1. COMMUNE URBAINE DE MAKALA, Rapport annuel de la Commune de Makala 2018. Kinshasa, inédit, 2018
2. LEBEAU Boris, *Villes durables, Smart city.* Paris, FASSE/ICP, inédit, 2019
3. LELO NZUZI, Francis, *Techniques d'assainissement en milieux urbains.* Kinshasa, Facultés Catholiques de Kinshasa, inédit, 1996.
4. LYONS, Evelyne, Gestion des services d'eau. Paris, FASSE/ICP, inédit, 2019.
5. JOUVIN, Valérie, Economie circulaire. Paris, FASSE/ICP, inédit, 2019.
6. MASCART Cyril, *Approche Environnementale de l'Urbanisme.* Paris, FASSE/ICP, inédit, 2019.
7. MULUMA, Munanga, *Notes de cours d'Urbanisme et développement.* Kinshasa, Facultés Catholiques de

Kinshasa, inédit, 1996.

8. MUYER OYONG, Nicodème, *Aménagement du territoire et développement.* Kinshasa, Facultés Catholiques de Kinshasa, inédit, 1996.

4/ Sites web visités

1. www.univ.ubs.fr/ecologie/ecourbain.html
2. https://www.actu-environnement.com/ae/dictionnaire_environnement/definition/assainissement.php4 consulté le 26/08/2019.
3. https://www.who.int/topics/sanitation/fr/ consulté le 26/08/2019.
4. https://www.universalis.fr/encyclopedie/hygiene/1-qu-est-ce-que-l-hygiene/ consulté le 26/08/2019.
5. https://www.banquemondiale.org/fr/topic/urbandevelopment/overview le 10 mai 2019
6. http://journals.openedition.org/belgeo/15451 ; DOI : 10.4000/belgeo.15451 consulté le 25/08/2019.
7. https://www.memoireonline.com/12/07/818/m_determinants-qualite-habitat-kinshasa-modele-biprobit5.html consulté le 26/08/2019.
8. https://fr.wikipedia.org/wiki/Histoire_urbaine_de_Kinshasa#Plan_regional_de_1967 consulté le 05/07/2019.
9. https://fr.wikipedia.org/wiki/Histoire_urbaine_de_Kinshasa#Les_cites_de_l'extension_sud consulté le 08/07/2019.
10. https://deskeco.com/rdc-le-nouveau-bareme-des-fonctionnaires-militaires-et-policiers-entre-en-vigueur-des-avril-2019/ consulté le 26/08/2019.
11. www.globalprotectioncluster.org consulté le 16/08/2019.

12. https://fr.wikipedia.org/wiki/Makala consulté le 16 août 2019.
13. https://www.monde-diplomatique.fr/1995/11/NUMENGI/6785 site consulté le 23/08/2019.
14. https://docs.wixstatic.com consulté le 24/08/2019.
15. https://www.un.org/en/development/desa/population/publications/pdf/urbanization/the_worlds_cities_in_2016_data_booklet.pdf consulté le 30/08/2019.

Les annexes

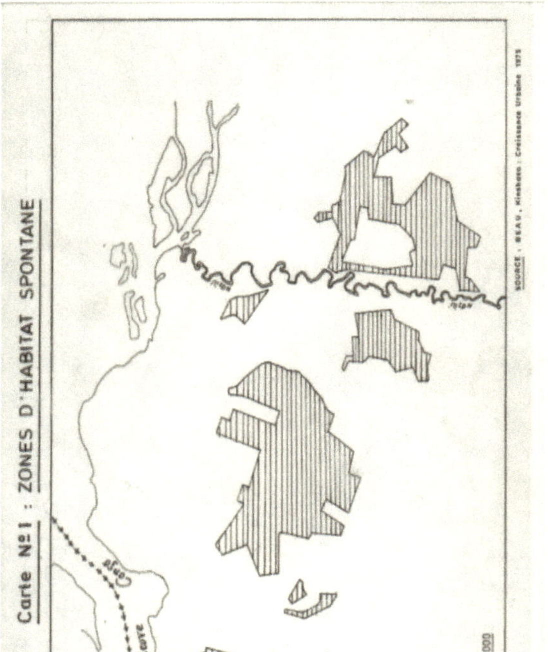
Carte N°1 : ZONES D'HABITAT SPONTANE
fleuve
Congo
N
Echelle : 1/100.000

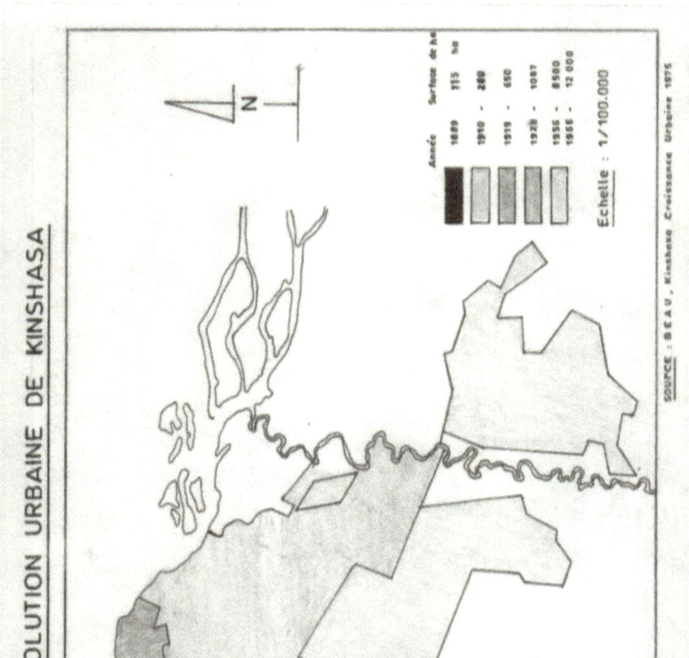
Carte Nº II : EVOLUTION URBAINE DE KINSHASA
REPUBLIQUE DU CONGO
N
Année Surface de ha
1889 115 ha
1910 - 280
1919 - 650
1928 - 1081
1955 - 8500
1966 - 12 000
Echelle : 1/100.000
SOURCE : BEAU, Kinshasa Croissance Urbaine 1975

Carte N° III : CROISSANCE URBAINE ET DEVELOPPEMENT ECONOMIQUE

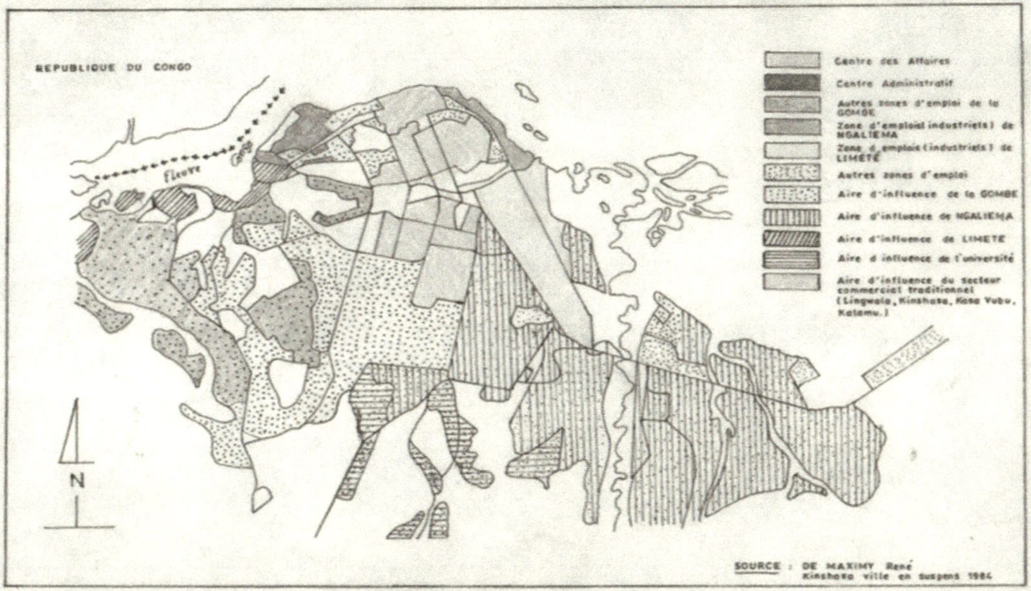

Carte N° IV : GRANDES ZONES D'HABITAT URBAIN

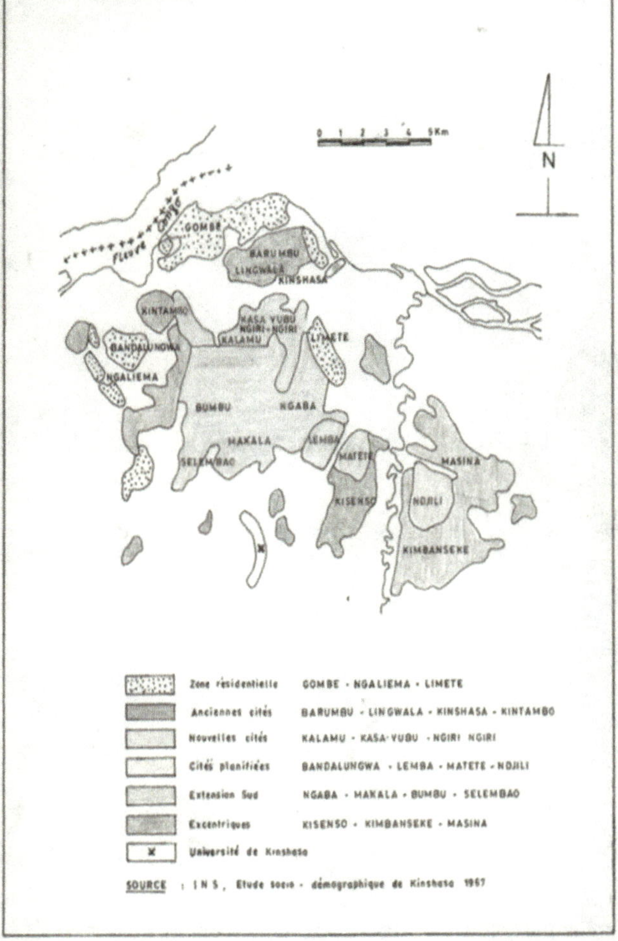

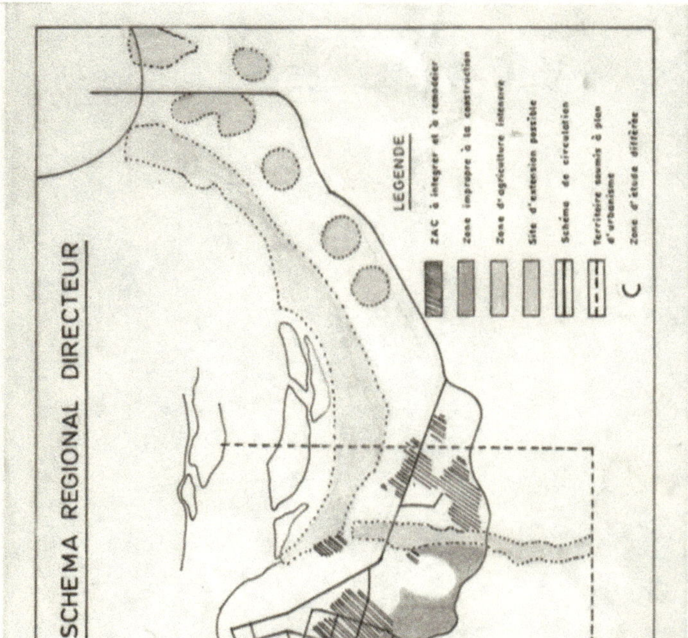
Carte N° V : SCHEMA REGIONAL DIRECTEUR
LEGENDE
ZAC à intégrer et à rénover
Zone impropre à la construction
Zone d'agriculture intensive
Site d'extension possible
Schéma de circulation
Territoire soumis à plan d'urbanisme
Zone d'étude différée
N
Echelle : 1/50.000

Carte N° VI : PLAN LOCAL D'AMENAGEMENT DE LA VILLE DE KINSHASA

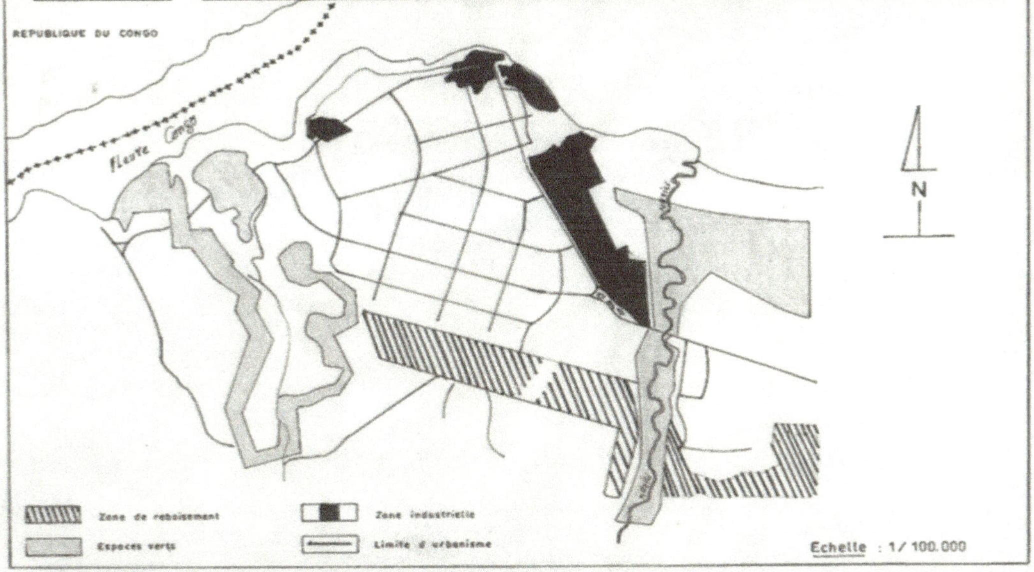

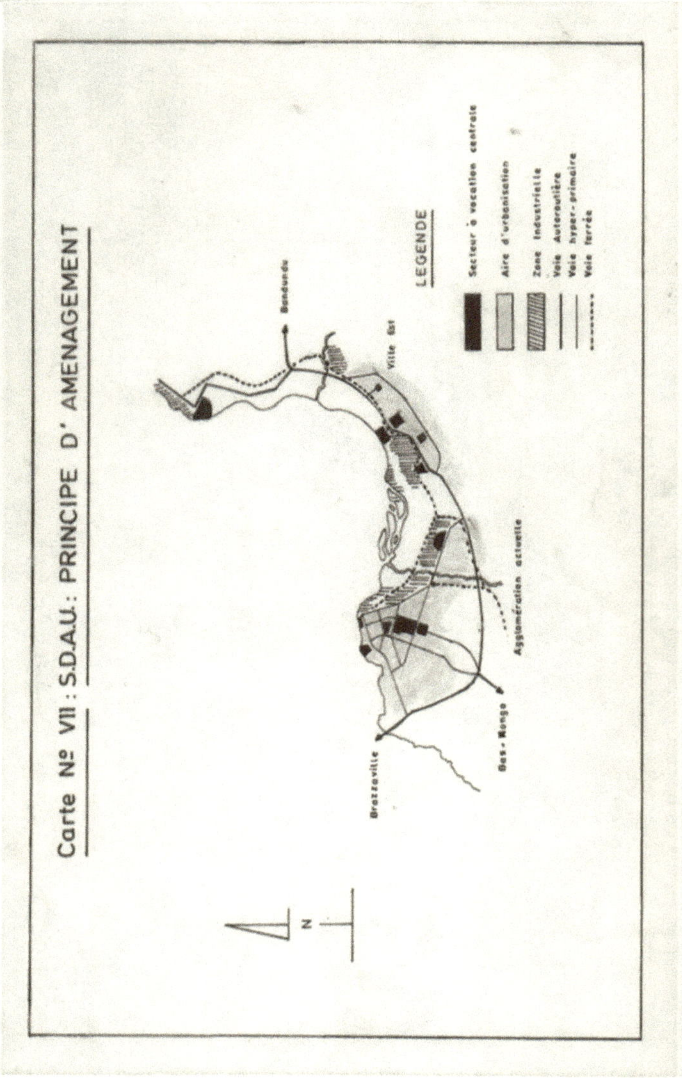
Carte N° VII : S.D.A.U. : PRINCIPE D' AMENAGEMENT
N
Bandundu
Ville Est
Agglomération actuelle
Bas-Kongo
Brazzaville
LEGENDE
Secteur à vocation centrale
Aire d'urbanisation
Zone Industrielle
Voie Autoroutière
Voie hyper-primaire
Voie ferrée

Carte N° VIII : COMMUNE DE MAKALA DANS LA VILLE DE KINSHASA

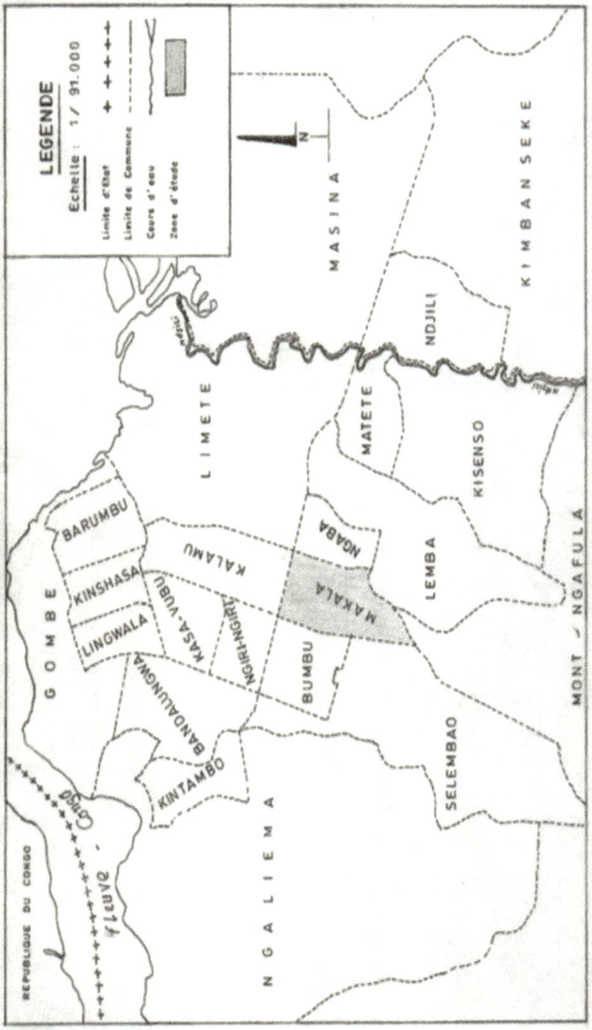

SOURCE : I.G.C.

Carte N° IX: CARTE GENERALE DE LA COMMUNE DE MAKALA

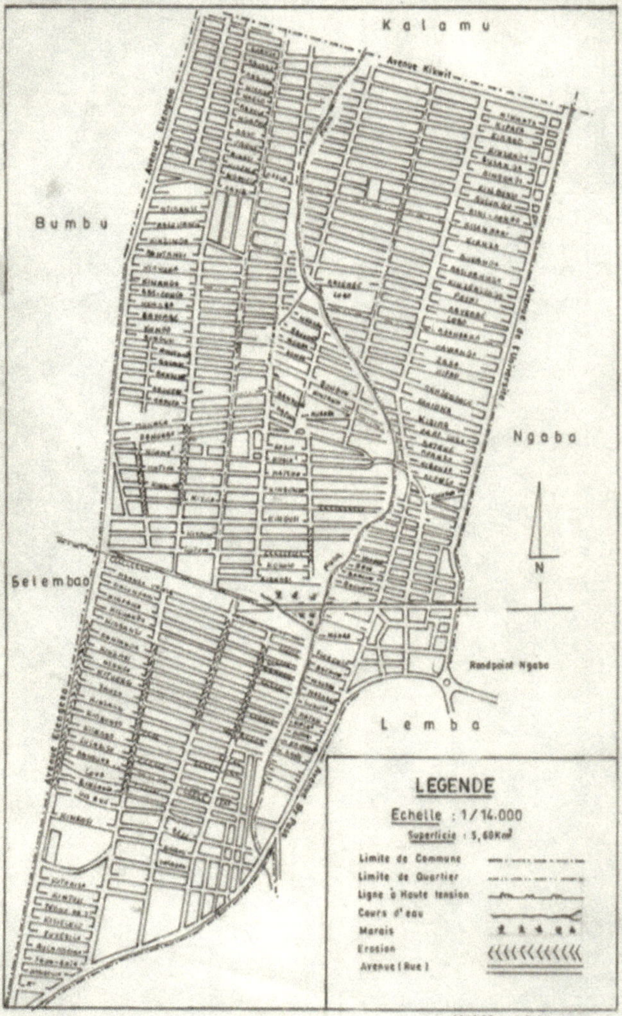

SOURCE : I.G.C.

N°X: CARTE ADMINISTRATIVE DE LA COMMUNE DE MAKALA

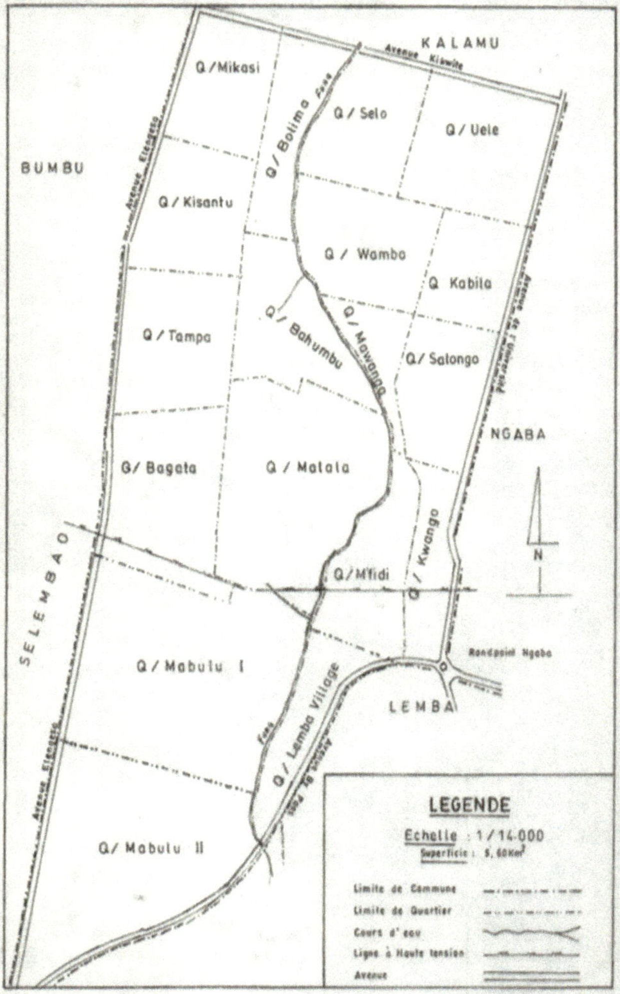

SOURCE : I.G.C.

CARTE N° XI : CARTE TOPOGRAPHIQUE DE LA COMMUNE DE MAKALA

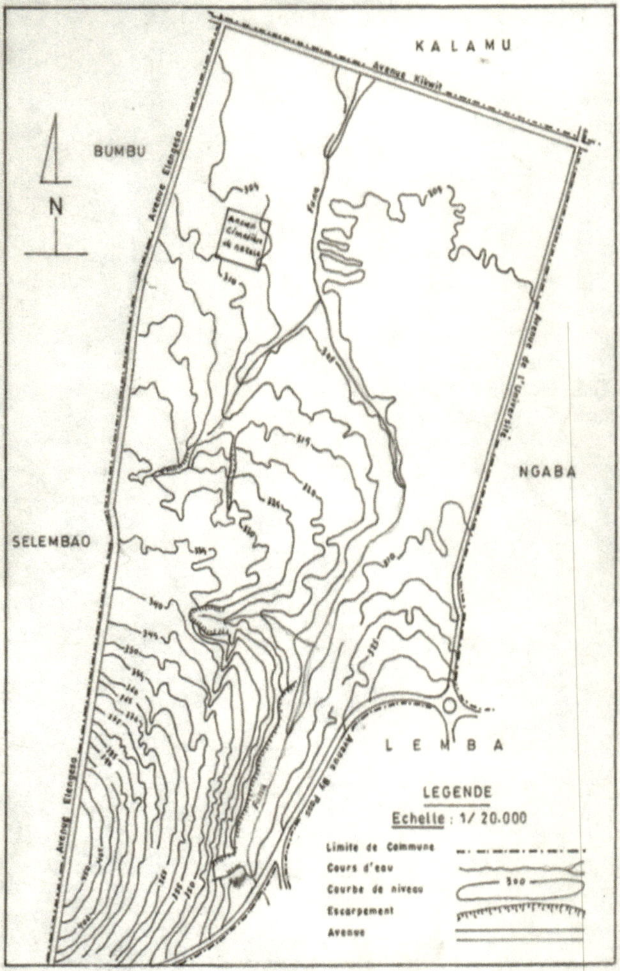

TABLEAU I LA POPULATION DE MAKALA 2018

l = 17

h = 21

r198 v217 b240

N°	QUARTIERS	POPULATION CONGOLAISE					POPULATION ETRANGERE					POPULATION ACTUELLE				
		H	F	G	Fe	Total	H	F	G	Fe	Total	H	F	G	Fe	Total
01	BAGATA	2747	2848	4563	4652	14810	315	421	430	495	1661	3062	3269	4993	5147	16471
02	BAHUMBU	1766	1502	1932	1986	7186	261	82	319	93	755	2027	1584	2251	2079	7941
03	BOLIMA	2258	2086	3122	3281	10747	436	479	459	487	1861	2694	2565	3581	3768	12608
04	KABILA	3035	3267	3642	3976	13920	3	5	2	5	15	3038	3272	3644	3981	13935
05	KISANTU	2639	2817	2514	2500	10470	316	363	196	250	1125	2955	3180	2710	2750	11595
06	KWANGO	4073	4208	4558	4530	17369	19	19	9	15	62	4092	4227	4567	4545	17431
07	MABULU I	3931	3988	4350	5466	17735	499	625	792	854	2270	4430	4613	5142	6320	20505
08	MABULU II	3276	3077	3048	3312	12713	244	237	406	500	1387	3520	3314	3454	3812	14100
09	MALALA	3591	3597	3426	3229	13843	869	1039	627	642	3177	4460	4636	4053	3871	17020
10	MAWANGA	3635	3833	3067	2812	13347	09	08	6	12	35	3644	3841	3073	2824	13382
11	LEMBAVILLAGE	1387	1604	1174	1073	5238	67	83	56	41	247	1454	1687	1230	1114	5485
02	MFIDI	3723	3933	3798	3534	14988	355	350	501	521	1727	4078	4283	4299	4055	16715
13	MIKASI	2165	2615	3746	4028	12554	147	470	226	286	1127	2312	3085	3972	4314	13683
14	SALONGO	3588	3915	3500	3771	14774	-	-	-	-	-	3588	3915	3500	3771	14774
15	SELO	2498	2673	2491	2529	10191	6	10	6	3	25	2504	2683	2497	2532	10216
16	TAMPA	4016	4180	4513	4704	17413	446	536	1261	1301	3544	4462	4716	5774	6005	20957
17	UELE	2553	2699	2751	2891	10894	-	-	-	-	-	2553	2699	2751	2891	10894
18	WAMBA	2597	2836	3587	3868	12888	2	-	2	-	4	2599	2839	3589	3868	12892
TOTAL GENERAL		53478	55678	59782	62142	231080	3997	4728	5301	5505	19531	57475	60406	65080	67647	250611

Source : Recensement administratif de la commune de Makala 2018

Commentaire : la population générale récente est de 250.611 habitants. Par rapport à l'année 2017 où 240.245 habitants ont été recensés, il y a une augmentation de 10.3661 habitants soit un taux de croissance de 4 %. Fille : jeune de sexe féminin de moins de 18 ans ; Garçon : jeune de sexe masculin de moins de 18 ans.

TABLEAU II STATISTIQUE DES PARCELLES A MAKALA 2018

N°	QUARTIERS		NOMBRE DE PARCELLES			CARATERISTIQUES DES PARCELLES					POPULATION GENERALE			NOMBRES DE MENAGES		
		RUE	HABIT.	INHAB	TOT	RESID	COMMERC	MIXT.	CONFES RELIG.	TOT.	CONGOL	ETRANG.	TOT.	CONG.	ETR.	TOT.
01	BAGATA	13	1317	12	1329	1261	18	11	39	1329	14810	1661	16471	1820	241	2061
02	BAHUMBU	10	717	16	733	588	14	35	12	733	7186	755	7941	1528	136	1664
03	BOLIMA	17	670	-	670	648	6	13	3	670	10747	1861	12608	1747	428	2175
04	KABILA	6	634	-	634	599	10	20	5	634	13920	15	13935	2620	8	2628
05	KISANTU	14	657	5	662	626	10	18	8	662	10470	1125	11595	1530	143	1673
06	KWANGO	15	652	14	666	578	14	67	7	666	17369	62	17431	2537	14	2551
07	MABULU I	13	1102	21	1123	1045	8	52	18	1123	17735	2770	20505	1591	296	1887
08	MABULU II	26	1024	-	1024	965	34	-	25	1024	12713	1387	14100	1083	461	1544
09	MALALA	16	1447	21	1468	1380	49	15	24	1468	13843	3177	17020	6144	1482	7626
10	MAWANGA	15	794	7	801	640	45	95	21	801	13347	35	13382	17510	54	17564
11	LEMBA VILLAGE	12	434	6	440	385	16	25	14	440	5238	247	5485	677	70	747
12	MFIDI	28	594	13	607	558	19	13	17	607	14988	1727	16715	1128	33	1161
13	MIKASI	13	732	6	774	672	9	8	12	774	12554	1129	13683	2244	110	2354
14	SALONGO	10	773	-	773	645	62	28	38	773	14774	-	14774	1667	-	1667
15	SELO	9	742	-	742	681	5	56	-	742	10191	25	10216	1361	2	1363
16	TAMPA	13	1107	11	1118	989	27	51	51	1118	17413	3544	20957	4694	453	5147
17	UELE	7	582	-	582	515	14	28	25	582	10894	-	10894	10894	-	10894
18	WAMBA	7	716	-	716	711	-	4	-	716	12888	4	12892	2384	3	2384
TOT. GENERAL		244	4730	132	14862	13571	360	612	319	14862	231080	19531	250611	63163	3934	67097

Source : Recensement administratif de la commune de Makala 2018

TABLEAU III STASTITIQUE DE LA MAIN D'ŒUVRE A MAKALA 2018

N°	PROFESSION	POPULATIONS CONGOLAISE			POPULATION ETRANGERE			POPULATION GENERALE		
		M	F	TOT	M	F	TOT	M	F	TOT
01	HAUT FONCTIONNAIRE	36	18	54	-	-	-	36	18	54
02	FONCTIONNAIRE	2233	690	2923	52	10	62	2285	700	2985
03	EMPLOYES	4309	1700	6009	295	234	529	4604	1934	6538
04	EMPLOYEURS	819	528	1347	113	34	147	932	562	1494
05	MEDECINS	22	58	80	1	-	1	23	58	81
06	INFIRMIERS	92	2011	2103	55	71	126	147	2082	2229
07	MAGISTRATS	40	4	44	-	-	-	40	4	44
08	AVOCATS	114	32	146	2	-	2	116	32	148
09	POLICIERS	412	73	485	-	-	-	412	73	485
10	MILITAIRES	112	27	139	-	-	-	112	27	139
11	CHAUFFEURS	2591	14	2605	243	-	243	2834	14	2848
12	CHOMEURS	18448	19053	37500	457	1005	1462	18905	20058	38963
13	ARTISTES	817	587	1401	101	143	244	918	727	1645
14	RETRAITES	1035	227	1262	153	59	212	1188	286	1474
15	JOURNALISTES	179	111	290	18	7	25	197	118	315
17	COMMERÇANTS	4157	5346	9503	425	933	1358	4582	6279	10861
18	MISSIONNAIRES	1860	83	1943	119	24	143	1979	107	2080
19	AJUSTEURS	8	-	8	1	-	1	9	-	9
20	MENUISIERS	28	-	28	3	-	3	31	-	31
21	MAÇONS	108	-	108	9	-	9	117	-	117
22	TECHNICIENS	1306	52	1358	11	-	11	1317	52	1369
23	BOULANGERS	623	-	623	-	-	-	623	-	623
24	ELECTRICIENS	25	-	25	-	-	-	25	-	25
25	CHARPENTIERS	4	-	4	-	-	-	4	-	4
26	PEINTRES	4	-	4	-	-	-	4	-	4
27	ENSEIGNANTS	171	66	237	8	2	10	179	68	247
28	MECANICIENS	231	-	231	47	-	47	278	-	278
TOTAL GENERALE		38784	30677	70461	2113	2572	4635	41897	33199	75096

Source : Recensement administratif de la Commune de Makala 2018

Plan de l'enquête

1. METHODES

Notre enquête sur le terrain porte sur les pratiques populaires d'assainissement à Makala, une cité d'Extensions Sud de Kinshasa. Pour toutes les couches de population de cette commune, nous recourons à l**a méthode d'échantillonnage stratifié**.

Ce procédé consiste à :

1° faire la stratification de l'univers de l'enquête ;

2° tirer au sort les unités à interroger proportionnellement à l'importance numérique de chaque catégorie de l'univers.

La commune de Makala compte aujourd'hui 18 quartiers, et nous les avons considérés comme des strates. Selon les données administratives de 2018, la commune compte au total 14.862 parcelles dont nous avons tiré au hasard 400 comme unités à interroger. La répartition des unités à interroger a été proportionnellement faite d'après le nombre de parcelles par quartiers :

N°	QUARTIERS	NOMBRE DE PARCELLES	PROPORTION EN %	ECHANTILLON A INTERROGER
01	BAGATA	1.329	**9**	**36**
02	BAHUMBU	733	**5**	**20**
03	BOLIMA	670	**5**	**20**
04	KABILA	634	**4**	**16**
05	KISANTU	662	**4**	**16**
06	KWANGO	666	**4**	**16**
07	MABULU I	1.123	**8**	**32**
08	MABULU II	1.024	**7**	**28**
09	MALALA	1.468	**10**	**40**
10	MAWANGA	801	**5**	**20**
11	LEMBA VILLAGE	440	**3**	**12**
12	MFIDI	607	**4**	**16**
13	MIKASI	774	**5**	**20**
14	SALONGO	773	**5**	**20**
15	SELO	742	**5**	**20**
16	TAMPA	1.118	**8**	**32**
17	UELE	582	**4**	**16**
18	WAMBA	716	**5**	**20**
	TOTAL	**14.862**	**100**	**400**

Source : Données administratives de la commune de Makala 2018

2. QUESTIONNAIRE

1/ Votre parcelle dispose-t-elle d'une toilette et d'une douche ? [**Lopango na bino ezali na WC (Zongo) mpe na Kikoso ?**]

Toilette/**WC :** □ Oui/**Iyo** □ Non/**Té**

Douche/**Kikoso :** □ Oui/**Iyo** □ Non/**Té** **2/** Si oui [**Soki ezali**],

a/ c'est dans la maison ou c'est dehors dans la cour ? [**Ezali na kati ya ndaku too na kati ya lopango**] **(Cochez les réponses)**

□ Toilette dans la cour [**Zongo o kati ya lopango**]

□ Toilette dans la maison [**Zongo o kati ya ndako**]

□ Douche dans la cour [**Kikoso o kati ya lopango**]

□ Douche dans la maison [**Kikoso o kati ya ndako**]

b/ dans quel état se trouvent-elles ? [**Ezali bongo na lolenge nini ?**] (cf. observation personnelle possiblement)

Toilette/**WC** :

□ Excellent/**Kitokomakasi**

□ Bon/**Kitoko**

□ Assez bon/**Malamu moke**

□ Médiocre/**Mabe makasi**

Douche/**Kikoso** :

□ Excellent/**Kitokomakasi**

□ Bon/**Kitoko**

□ Assez bon/**Malamu moke**

□ Médiocre/**Mabe makasi**

3/ Si non, quel comportement adoptez-vous avec ce manque de toilette et/ou de douche ? [**Soki WC na Kikoso bizali te epai na bino, bosalaka boni boni po na oyo etali zongo na kosukola ?**] **Réponse libre**...............

4/ Quand votre fosse septique est pleine, comment faites-vous pour la vider ? [**Soki libulu ya WC na bino etondi, bosalaka nini ?**]

□ Location camion de vidange (Bloco) [**Tobengaka motuka ya bloko**]

□ Recours à une main d'œuvre extérieure (Prestataires déchets) [**Tobengaka bapepi ya WC**]

□ Vidange manuelle et enfouissement dans la cour par nous-mêmes [**Biso moko topepaka pe tokundi bosoto na kati ya lopango**]

□ Rejet dans un cours d'eau proche [**Tobwakaka**

bosoto nioso na mayi ya moluka pembeni]

5/ Etes-vous connecté au réseau :

a/ d'eau (REGIDESO[74]) ? [**Lopango na bino ezali na pompi ya mayi ya Regideso ?**]

□ Oui/**Iyo**

□ Non/**Té**

□ Privation temporaire pour non-paiement facture d'eau/**Mayi bakata mpo na niongo na Regideso**

b/ d'électricité (SNEL[75]) ? [**Lopango na bino ezali na lotiliki too courant ya SNEL ?**]

□ Oui/**Iyo**

□ Non/**Té**

□ Privation temporaire pour non-paiement facture de courant/**Lotiliki (courant) bakata mpo na niongo na SNEL**

6/ Si vous n'en disposez pas ou si vous en êtes temporairement privé à cause du non-règlement de facture, que faites-vous pour avoir de l'énergie (l'eau et/ou le courant électrique) ?

[**Soki bozangi mayi na courant too mpe soki bakateli bino byango mpo na niongo, bokobikelaka ndenge nini ?**]

Réponse libre..................

7/ Avez-vous une poubelle dans votre ménage ou dans la parcelle ? [**Bozali na katini ya fulu na lopango too na ndaku na bino ?**]

□ Oui/**Iyo**

□ Non /**Té**

---

[74] La REGIDESO (Régie de distribution d'eau) : entreprise publique chargée de la distribution d'eau potable en RD Congo.

[75] La SNEL (Société Nationale d'Electricité) : compagnie nationale d'électricité en RD Congo.

8/ Comment faites-vous pour évacuer :

a/ les déchets solides (ordures ménagères, feuilles mortes, boîtes, verres, plastiques, etc.) [**Bosalaka boni boni mpo na kobwaka bosoto ewuti na libota (matiti, sachets, milangi, manzanza, ...)**] **?**

□ Usage d'une seule poubelle familiale où tous les déchets sont mélangés et emportés par les charretiers [**Totiaka bosoto nioso na kati ya poubelle moko (katini ya fulu moko), soki etondi batu ya pusu bayei komema yango**]

□ Usage de plusieurs poubelles où les déchets sont triés [**Tokabolaka pe totiaka bosoto na bosoto na poubelle too na katini na yango**]

□ Enfouissement dans un coin de la cour [**Tokundaka bosoto na biso na esika moko na kati ya lopango**]

□ Incinération personnelle de ses déchets [**Biso moko totumbaka too tozikisaka bosoto na biso**]

□ Rejet dans une décharge publique [**Tobwakaka bosoto na biso na fulu ya leta**]

□ Rejet dans un cours d'eau proche [**Tobwakaka bosoto na biso na moluka ya mai pembeni**]

□ Rejet dans les ravins ou sites érosifs [**Tobwakaka bosoto na biso na mabulu ya libenge**]

□ Rejet dans les caniveaux [**Tobwakaka bosoto na biso na kati ya nzela ya mayi ya mbula**]

□ Rejet dans la rue [**Tobwakaka bosoto na biso na kati ya nzela too bala-bala ya leta**]

□ Récupération des déchets verts pour le compostage et le jardin [**Toponaka kati na bosoto matiti po na jardin**]

□ **Autres** [**Mosusu**] **:** exemple : vente des plastiques, des bouteilles en verres/ **ndakisa : koteka baplastic, milangi**

b/ les eaux pluviales et usées (eaux de vaisselle, de lessive ou d'autre usage) ? [Bosalaka boni boni mpo na kobwaka mayi ya bosoto ewuti na libota (mayi ya basani na bilamba basukoli, mayi ya kikoso too mosala mosusu ?]

□ Aménagement des gouttières pour recueillir l'eau pluviale dans la citerne [**Tobongisa motondo ya ndaku mpo na kobomba mayi ya mbula na tono**]

□ Installation d'un puits perdu dans la cour [**Na kati ya lopango totimola libulu po na mayi ya bosoto na ya mbula**]

□ Canalisation par le système d'égout [**Tolekisaka mayi na égout too na nzela leta atimola na nse ya mabele**]

□ Rejet sur la voie publique [**Tobwakaka mayi ya bosoto na nzela too na bala-bala ya leta**]

□ Rejet sur un cours d'eau proche [**Tobwakaka mayi ya bosoto na moluka ya mayi pembeni**] □ Autres ? [**Mosusu**]

9/ Connaissez-vous un problème d'érosion ? [**Lopango too ndaku na bino ezwami pembeni ya lubwaku ?**]

□ Oui/**Iyo**

□ Non/**Té**

10/ Si oui, quelles techniques anti-érosives avez-vous utilisées ? [**Soki lopango too ndaku ezwami pene na lubwaku, nini bosalaka mpo na kobatela yango ?**] **Réponse libre……**

11/ Quel résultat ces techniques ont-elles donné ? [**Bongo eboti mbuma nini ?**]

□ Excellent/**Kitoko makasi**

□ Bon/**Kitoko**

□ Assez bon/**Malamu moke**

□ Médiocre/**Mabe makasi**

12/ Exercez-vous une activité professionnelle ou un métier ? [**Osalaka mosala ?**]

□ Oui/**Iyo**

□ Non/**Té**

13/ Si oui, comment appréciez-vous votre revenu mensuel au regard des besoins d'assainissement de votre habitat ? [**Soki osalaka, lifuta na yo ya sanza ekoki solo mpo na oyo etali misala ya bopeto ya lopango ?**]

□ Très suffisant/**Ekoki mingi**

□ Suffisant/**Ekoki**

□ Insuffisant/**Ekoki té**

□ Très insuffisant/**Ekoki ata ndambu te**

14/ Connaissez-vous un ou quelques « mouvements associatifs » ou une ONG qui s'intéresse (nt) aux problèmes d'assainissement dans votre commune ou dans votre quartier ? [**Boyebi batu too masanga bakopesaka maboko na makambu ya bopeto ya quartier na bino ?**]

□ Oui/**Iyo**

□ Non/**Té**

15/ Si oui, comment appréciez-vous leur implication à la gestion de l'environnement de la ville dans votre quartier ? [**Bomoni ndenge nini misala mya bango ?**]

□ Impact visible et Positif/**Misala mpe ndakisa ya malunga**

□ Impact non visible/**Misala ezomonana te**

□ Négatif/**Misala mabe**

□ Autres/**Misusu**

16/ Quelle est l'implication de la Commune ou de l'Etat

dans la résolution des problèmes d'assainissement à Makala ? [**Wapi Mosala ya commune to Mbulamatari na makambo etali bopeto na Makala ?**]

□ Impact visible et Positif/**Misala mpe ndakisa ya malunga**

□ Impact non visible/**Misala ezomonana te**

□ Négatif/**Misala mabe**

□ Indifférence/**Leta asundola makambo nioso**

□ Le laisser-faire/**Leta atika batu basala ndenge balingi**

□ Autres/**Misusu**

17/ Etes-vous locataire ou propriétaire ? [**Ofutelaka too ozali nkolo lopango ?**]

□ Locataire/**Mofuteli**

□ Propriétaire /**Nkolo lopango**

18/ Si l'on est propriétaire, cela constitue-t-il un avantage pour bien gérer son espace environnemental ? [**Ezali na litomba solo kozala nkolo lopango mpo na oyo etali kotia bopeto na mboka ?**]

□ Oui/**Iyo**

□ Non/**Té**

Merci de votre participation/Matondi mingi !

*

* *

Cet ouvrage a été composé par Edilivre

194 avenue du Président Wilson – 93200 Saint-Denis

Tél. : 01 41 62 14 40 – Fax : 01 41 62 14 50

Mail : client@edilivre.com

www.edilivre.com

Tous nos livres sont imprimés
dans les règles environnementales les plus strictes

ISBN papier : 978-2-414-43528 -9

ISBN pdf : 978-2-414-43519-7

ISBN epub : 978-2-414-43551-7

Dépôt légal : juin 2020

Imprimé en France, 2020

www.ingramcontent.com/pod-product-compliance
Lightning Source LLC
Chambersburg PA
CBHW030649051126
54394CB00010B/289
* 9 7 8 2 4 1 4 4 3 5 2 8 9 *